通信工程建设实务

TONGXIN GONGCHENG
JIANSHE SHIWU

康忠学　杨万全 ◆ 主　编

U0253356

四川大学出版社
SICHUAN UNIVERSITY PRESS

特约编辑:梁　平
责任编辑:楼　晓
责任校对:陈　玲
封面设计:李金兰
责任印制:王　炜

图书在版编目(CIP)数据

通信工程建设实务 / 康忠学,杨万全主编. —成都:
四川大学出版社,2013.8(2017.6重印)
ISBN 978-7-5614-7137-1

Ⅰ.①通…　Ⅱ.①康…　②杨…　Ⅲ.①通信工程-高
等学校-教材　Ⅳ.①TN91

中国版本图书馆 CIP 数据核字(2013)第 206350 号

书　名	**通信工程建设实务**
主　编	康忠学　杨万全
出　版	四川大学出版社
地　址	成都市一环路南一段 24 号(610065)
发　行	四川大学出版社
书　号	ISBN 978-7-5614-7137-1
印　刷	成都蜀通印务有限责任公司
成品尺寸	185 mm×260 mm
印　张	12
字　数	307 千字
版　次	2013 年 9 月第 1 版
印　次	2017 年 6 月第 2 次印刷
定　价	30.00 元

◆读者邮购本书,请与本社发行科联系。
电话:(028)85408408/(028)85401670/
(028)85408023　邮政编码:610065
◆本社图书如有印装质量问题,请
寄回出版社调换。
◆网址:http://www.scupress.net

前　　言

　　针对目前通信工程专业的教材内容多以通信原理与技术为主，通信工程建设中的实用性知识较少，学生毕业后就业应试能力差、就业难，或就业后在通信工程建设的实际岗位上难以"上手"的实际状况，本书着眼于应用型通信工程专业人才培养，讲述通信工程建设的实用性知识，介绍通信工程建设中的工程建设管理、工程勘察与设计、工程施工与管理、工程建设监理等方面的基本知识。教学中通过工程实际案例和现场教学，使学生了解通信工程建设管理流程，掌握通信工程建设管理、勘察设计、施工、监理以及维护的相关基本技能，具备能顺利通过通信行业各岗位的就业应试能力，并能在较短的时间内融入通信行业，参与通信工程的建设。

　　本书内容包括通信工程建设管理、工程勘察与设计、光缆线路工程、移动通信基站建设、通信设备安装工程、FTTH 组网与施工技术、通信工程建设监理等。

　　通信工程建设管理：了解通信工程建设流程、掌握通信工程建设管理的内容、熟悉管理方法和手段、了解相关管理文件的编制。

　　通信工程勘察、设计及质量评价：介绍勘察设计的基本要求、设计会审、设计文件质量评定、通信线路工程和移动通信网工程的设计质量特性和质量评定标准。

　　光缆线路工程：全面介绍了光缆线路工程各工序的施工流程和施工方法，通过本章内容的学习和现场实践，学生可在较短的时间内参与光缆线路工程建设。

　　基站建设：本章包含了约 80％的通信工程内容，可使读者全面了解通信工程。通过学习，掌握通信工程勘察设计的内容、步骤和方法，熟悉通信机房、通信铁塔、通信电源、基站设备、通信局（站）防雷、动力环境监控、机房配套设施等单项工程的施工步骤和操作方法。

　　通信设备安装工程通用原则：介绍各类通信设备安装、缆线布放、设备加电检测。

　　FTTH 组网与施工技术：了解 FTTH 组网中各种设备的配置原则，掌握 OLT、ONU、ODN 等各种硬件设备安装和各类光缆布放安装技术。

　　通信工程监理：了解监理的基础知识，熟悉监理的基本流程和监理在工程中"三控、三管、一协调"的内容、监理的沟通协调方法，掌握监理文件（包括施工过程资料、表格）的填写编制方法。

　　应当说明的是，本书中引用的相关规范和标准，只限于为读者提供引用规范标准的方法，在工程实施中应以设计文件提供的标准和现行规范为准。此外，限于篇幅和作者水平，书中难免会有遗漏和不足之处，欢迎读者指正。

康忠学　　杨万全

2013 年 8 月于四川大学锦江学院

目　　录

第1章 通信工程建设概述

[教学目的]

通信工程建设的目的是组建不同功能类型和不同规模大小的通信网络。为便于后续各章节讲述通信工程建设的实用性知识和通信工程建设中的工程建设管理、工程勘察与设计、工程施工与管理、工程建设监理等方面的基本知识，本章将概要介绍通信网的构成、通信网中的硬件设备、通信线路中的主要设备、通信网中的配套设施以及通信工程项目的划分。

[教学要求]

通过本章学习，使读者掌握现代通信网的组成、通信网中的主要硬件设备、通信线路设备有哪些主要类型、通信工程有哪些专业类别。

1.1 通信网的构成

目前我国三大运营商中，中国移动经营的是全移动业务网，但其通信功能除移动台对移动台通信外，通过其他固定通信网仍然能实现移动对固定终端的通信。中国电信、中国联通经营的是移动、固定综合业务网，如图1-1所示。

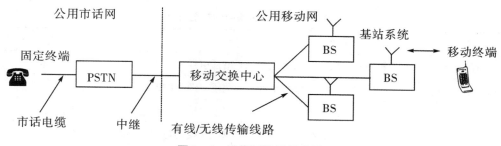

图1-1 现代通信网示意图

由图1-1可见，现代通信网由用户终端设备、传输系统、交换系统、基站系统组成，网络按设计规定的信令方式，在硬件与软件的协调配合下操作运行，实现用户间的语音、数据、图像等信息传输与交换。

1.2 通信网中的主要硬件设备

通信工程建设中涉及大量硬件设施，这些设施相对独立又互相关联，主要设备种类及用途如表1-1所示。

表 1-1 通信网主要设备种类及用途

设备类型	设备品种	基本用途
用户终端设备类	电话终端、传真机、电视终端、计算机终端、扫描及打印终端、移动台等	完成用户信息、信令的处理
有线传输设备类	PDH、SDH、基于 SDH 的 MSTP、ASON、WDM、DCN、DXC 等数字传输设备	负责完成终端节点与交换节点间的信息传输
交换设备类	语音交换设备、数据交换设备、移动通信交换设备、多业务数据路由交换设备、软交换设备	集中和转发传输设备传递来的终端节点信息——用户信息
无线设备类	中波和短波通信设备、移动通信设备、微波通信设备、卫星通信设备	完成信息的处理和传送
信息存贮设备类	各种信息服务器及数据库	按用户的需求提供智能化的信息服务
信息操作系统类	UNIX、Windows NT、Windows 9×、Macs、Linux、DOS	为用户提供维护、信息处理的操作平台
通信电源设备类	配电换流设备、蓄电池设备、太阳电池设备、柴油发电机组	为通信网各类有源设备提供电源

1.3 通信线路中的主要设备

在通信网中除了表 1-1 中的主要设备外，还有连接各类设备以组成通信网络的大量线路设备，有传统的各类通信电缆、接头盒、分线盒、交接箱，还有各类光缆、光缆接头盒、光缆交接箱、光分路器、光缆配线架等线路设备，如表 1-2 所示。

表 1-2 通信线路中的主要设备

设备类型	设备品种	基本用途
通信电缆	各种线对、线径的通信电缆	市话电缆完成用户至交换机间的传输
通信电缆接头盒	各种线对的通信电缆接头盒	两段电缆间的连接接续
通信电缆交接箱	100 对~4 800 对交接箱	主干电缆与配线电缆的交接与调配
通信电缆分线盒	10 对~100 对分线盒	完成交接箱与用户终端间的连接
通信光缆	各种芯数的传输光缆	完成光信号的传送
光缆接头盒	各种芯数的接头盒	两段光缆间的连接接续
光缆交接箱	各种芯数的光缆交接箱	完成主干光缆与配线光缆间的接续
光分路器	各种型号的光分路器	将光信号进行分支、分配和耦合
光纤配线架	24 芯~96 芯配线架	光缆终端的纤芯熔接、光连接器安装、光路调配、余纤存储及保护

1.4　通信网中的配套设施

仅由表 1-1 和表 1-2 的设施还不能组成一个完整的通信网，为了网络的可靠运行，还必须有与之相适应的配套系统，如表 1-3 所示的机房、走线架、各种配线架、环境监控、空调、通信铁塔等配套设施。

表 1-3　通信网中的配套设施

设施类型	设备品种	基本用途
通信机房	配电机房	用于各种配电设备、电池安装
	传输机房	专用于传输设备安装
	交换机房	专用于交换设备安装
	数据机房	专用于数据设备安装
	接入网机房	接入网综合机房或基站综合机房
机房内走线架	交流电缆走线架	专用于交流电缆走线，应走上层架
	直流电缆走线架	专用于直流电缆走线，应走中层架
	信号电缆走线架	专用于信号电缆走线，应走下层架
	光纤走线架	专用于光纤走线，应在信号走线架外侧
配线架	数字配线架（DDF）	专用于数据系统设备配线
	总配线架（MDF）	大容量交换设备的配套设施
塔桅设施	通信铁塔	用于野外宏站天馈系统的升高和支撑
	桅杆	用于城市基站或野外微站天馈支撑
空调、排风系统	空调、排风系统	保障机房温度、湿度在设备允许范围
环境监控系统	机房、基站环境监控	机房或基站设备运行监测监控、环境及安全监控及报警
通信管道	通信管道	市内或长途通信电缆、光缆通道

由各种通信设备、通信线路、通信配套设施组成规模大小不一的通信网络，这些通信网络中包含了大量不同类型的单项工程。

1.5　通信工程项目划分

为便于工程建设的实施管理，可将各专业类别的工程进行单项工程划分，如表 1-4 所示。

表 1-4 通信工程项目划分表

专业类别	单项工程名称	备注
通信线路工程	(1) ××光（电）缆线路工程 (2) ××水底光（电）缆线路工程 (3) ××用户线路工程（包括主干、配线光缆或电缆、交接设备、分线设备、杆路等） (4) ××综合布线系统工程	任一单项工程中发生的配套设施，均应包括在本单项工程中
通信管道工程	××通信管道工程	
通信传输设备工程	(1) ××数字复用设备及光、电设备安装工程 (2) ××中继设备、光放设备安装工程	(1) 新装设备工程 (2) 扩容设备工程
通信交换设备工程	××通信交换设备安装工程	
微波通信设备工程	××微波通信设备安装工程	含天馈系统
卫星通信设备工程	××卫星地球站通信设备安装工程	
移动通信设备工程	(1) ××移动控制中心通信设备工程 (2) ××基站设备安装工程 (3) ××室内分布系统设备安装工程	含天馈系统
数据通信设备工程	××数据通信设备安装工程	
电源设备工程	××电源设备安装工程	(1) 新装设备工程 (2) 扩容设备工程
通信机房装修工程	××通信机房装修工程	
通信机房配套工程	(1) ××机房走线架安装工程 (2) ××机房空调、排风系统安装工程	
通信机房监控工程	××通信机房环境监控系统设备安装工程	
通信铁塔及基础建筑工程	(1) ××通信铁塔基础建筑工程 (2) ××通信铁塔安装工程	一般按在同一建设期内某一区域内的一批铁塔建筑为一个单项工程

　　根据表 1-4 所示通信工程项目划分，建设单位应按照工程建设程序，组织工程参与的设计、施工、监理单位，精心设计、精心施工、科学管理，用表 1-1、表 1-2、表 1-3 所示的各类设备和设施建设成图 1-1 所示的现代通信网。

　　后面的章节中，按照工程建设程序，将分别介绍工程建设管理、勘察与设计、施工与工程建设监理等内容。

复习思考题

1.1　无线通信网由哪几部分组成？

1.2　通信网中的主要硬件设备有哪些类型？

1.3　通信线路设备有哪些主要类型？

1.4　通信工程有哪些专业类别？

1.5　基站建设中，除了设备安装之外，还应当有哪些主要配套工程？

第 2 章 通信工程建设管理要点

本章内容主要介绍工程建设基本程序、建设单位在工程建设中的管理流程和要点、管理者在各阶段应做的主要工作。

［教学要求］

通过本章学习，使读者熟悉和掌握设计阶段管理者的任务、设计评审方法和要求、施工准备阶段管理、施工阶段管理、工程验收管理。

任何建设项目的实施，都应当遵循国家规定的基本建设程序。基本建设程序，指基本建设项目从决策、设计、施工到竣工验收以及后期评价整个工作过程中的各个阶段及其先后次序。

通信工程建设的基本流程包括：编制项目建议书（可分初步可行性研究或预可行性研究）；可行性研究；编制设计任务书；选择建设地点；编制设计文件（初步设计、技术设计、施工图设计）；做好建设准备（含列入年度计划）；全面施工；生产准备；竣工验收；交付使用。

光纤通信、移动通信大规模建设，由于工程建设项目多，建设周期短，原来制定的通信工程建设程序对中小型项目建设有些不适应。因此，目前，我国各电信运营商的集团公司大型通信工程建设项目一般按照基本建设程序实施。各省公司、市公司的中小型项目，一般都简化了相关程序。

2.1 编制项目建议书

项目建议书是国家中、长期规划中的一个必要文件，是基本建设程序中最初阶段的工作，是投资决策前对拟建项目的轮廓设想。它的作用是对一个拟进行建设的项目的初步说明。它不是项目的最终决策，而是供建设管理部门选择并确定是否进行下一步工作的依据。我国有些部门在提出项目建议书之前还增加了初步可行性研究（或称预可行性研究），经初步论证后，再编制项目建议书。

项目建议书要按照建设总规模和限额预划分的审批权限规定报批。如果建设项目为干线级或全程全网的项目，一般应由集团公司审批；二级干线、省级项目，由省（直辖市）公司审批；本地网项目，一般都简化了项目建议书流程。

2.2　可行性研究

2.2.1　可行性研究的质量

项目建议书一经批准，便可着手进行可行性研究。可行性研究报告是确定建设项目、编制设计任务书的重要依据，故要求必须有相当的深度和准确性。可行性研究报告的质量评价，可参照邮电部［1997］492 号文件中《通信工程可行性研究报告质量特性和质量评定标准》的相关规定执行。

2.2.2　可行性研究的作用

（1）作为建设项目投资决策的依据；

（2）编制计划任务书（或设计计划任务书）的依据；

（3）筹集资金的依据；

（4）与建设项目有关部门签订协议的依据；

（5）开展建设前期工作的依据；

（6）编制企业经济计划的重要依据和资料；

（7）作为环境影响评估的依据。

2.2.3　必须考虑的问题

（1）拟建什么样的建设项目；

（2）拟建项目技术上可行性如何；

（3）拟建项目经济效益、社会效益如何；

（4）拟建项目财务上可行性如何；

（5）拟建项目实施的主要措施；

（6）建设所需时间；

（7）需要多少人力、物力。

这些问题可归纳为三个方面：一是工艺技术，二是市场要求，三是财务经济。三者的关系：市场是前提，技术是手段，财务经济是核心。

2.3　设计阶段

设计阶段，建设单位的项目经理主要应当做以下方面的工作。

2.3.1　设计招标

根据可行性研究报告确定的建设规模、建设地点、建设时间编制设计招标文件，并发布招标信息，进行设计招标，选定勘察设计单位。

从工程实施的意义上讲，设计质量决定工程质量。工程建设项目的质量、投资、进度与设计质量有直接的关系。因此，应根据工程建设项目的规模、技术要求，选择一个或几个有同类工程设计经验的设计单位，这是招标代理机构、评标专家和建设单位的项目管理者在设计招标中必须认真做好的工作。

2.3.2 设计任务书

设计任务书是工程建设的大纲，是确定建设项目和建设方案、编制设计文件的依据，在基本建设程序中起主导作用，一方面把企业经济计划落实到建设项目上，另一方面使项目建设及建成投产后所需的人、财、物有可靠保证。可行性研究被批准后，则由项目主管部门组织建设单位、设计单位进行设计任务书的编制。设计任务书经主管部门批准后，该建设项目才算成立。对于小型建设项目，其任务书内容可适当简化，或在可行性研究被批准后直接进行设计。

设计任务书对工程建设项目的设计内容、设计范围、设计深度、设计进度、评价标准、设计成果交付时间等，应当有明确的要求。

2.3.3 选择建设地点

选择建设地点的第一项工作是勘察。这里的勘察指工程勘察，主要内容为工程测量、水文地质勘察和工程地质勘察。其任务是查明工程项目建设地点的地形、地貌、地层土壤岩性、地质构造、水文条件等自然地质条件资料，作出鉴定和综合评价，为建设项目选址和设计、施工提供可靠依据。第二项工作是建设时所需水、电、路条件的落实。第三项工作是建设项目投产后生产人员、维护材料、机具仪表等是否具备。

通信工程中局（站）地址选择、线路路由选择，应符合通信行业各专业的相关规范要求，充分考虑安全性、可实施性的要求。

2.3.4 初步设计

设计阶段，我国对一般建设项目采用两段设计，即初步设计和施工图设计，对大型项目、技术复杂而又缺乏经验的项目，采用三段设计，即初步设计、技术设计和施工图设计。大型枢纽楼机房建筑、新建枢纽楼设备安装等大型项目，还需要进行总体规划设计或总体设计。

初步设计是确定建设项目在指定地点和限定期限内进行建设的技术上的可行性和经济上的合理性，以取得最好的经济效益。初步设计实质是一项带有"轮廓"性的规划设计，对该建设项目是否可建提出修改和补充意见。初步设计未批准前不得盲目征地和列入年度基本建设计划。

2.3.5 技术设计

技术设计是根据批准的初步设计和选择的局（站）地址，对初步设计中所采用的工艺过程、建筑和结构方面的主要技术问题进行补充和修正设计。

2.3.6 施工图设计

施工图设计是根据批准的初步设计和技术设计绘制出的正确、完整和尽可能详尽的建筑安装工程以及制造非标准设备所需的图纸。通信工程按照各专业进行施工图设计。

施工图设计是设计工作的最后文件，是现场施工和工程造价编制的依据。

通信工程建设的立项设计阶段，一般按以下原则进行投资概（预）算：

（1）编制项目建议书时编制估算；

（2）编制可行性研究时编制投资估算；

（3）编制初步设计时编制概算；

（4）编制技术设计时编制修正概算；

（5）绘制施工图设计时编制施工图预算（纳入年度财务计划）。

一般中小型通信工程都采用一阶段设计。

2.3.7　组织设计会审

由项目管理者组织工程参与单位对施工图设计进行严格的会审。设计会审是工程建设中极其重要的环节，设计文件的质量直接关系着工程的技术方案、工程投资、工程质量、工程工期。因此，工程参与单位的项目管理者对设计会审必须引起足够的重视。

设计会审的主要内容有技术方案（网络拓扑结构、路由选择、实施方案、施工工艺描述等）和工程预算（工程量、取费标准/依据、取费系数——特别是土石方工程量的取费系数）。通过设计会审的设计文件必须能指导施工，且技术方案科学先进、经济投入合理。

2.4　施工准备阶段

2.4.1　施工现场准备

施工现场准备，是建设单位在施工准备阶段的重要工作。建设单位的项目管理者应当根据工程建设项目的规模、涉及的外部环境做好各方面的协商签证工作。如机房建设、基站建设的站点选择，征地，办理相关建设手续，现场施工条件准备等。

2.4.2　材料/设备准备

根据设计确定的建设规模和各专业的需要，编制材料/设备招标文件，发布招标信息，选定供应商家，签订采购合同。

历史的经验教训提示未来的工程建设管理者：供应商的优质产品是保证工程质量的首要环节，及时供货是保证工程进度的关键因素。因此，应通过采购招标来选择供货及时、质量优良的供货商。

2.4.3　施工人员准备

建设单位委托招投标代理机构编制施工、监理招标文件，发布招标信息，选择施工、监理单位。

一切生产活动中人是第一要素。工程建设的安全、质量、投资、进度目标，依靠参与工程实施的人员精心管理、精心施工来实现。在通信工程建设的重要实施阶段——施工阶段，决定工程建设目标的是施工单位和监理单位。因此，一定要按国家相关规定进行全面考察、审核，选择施工企业和监理单位。原则上应当选择一级施工企业和甲级监理企业。

1. **施工单位基本要求**

（1）近年来做过 5 个以上大型综合性通信工程建设项目，并且都是在计划工期内按照设计文件和相关规范完成施工任务的。

（2）企业经理具有 10 年以上从事通信工程管理经历或具有高级工程师职称。

（3）企业总工程师具有 10 年以上从事施工技术管理经历并具有高级通信工程师职称。

（4）企业总经济师（总会计师）具有高级经济师或高级会计师职称。

（5）企业具有技术职称的工程技术人员和经济管理人员不少于 180 人，工程技术人员中高级职称人员不少于 10 人。

（6）企业具有一级资质的项目经理（一级建造师）不少于 15 人。

（7）企业安全负责人、项目经理应当具有国家安全管理部门核发的安全管理上岗证。

（8）企业具有与建设工程项目相适应的施工机械和质量检测设备。

2. **监理单位基本要求**

（1）企业负责人应具有高级技术职称，且具有从事通信工程的设计、施工、建设管理或监理 8 年以上经历，并取得通信建设监理工程师资格。

（2）技术负责人应具有高级技术职称，且具有从事通信工程的设计、施工或建设管理经历，并取得通信建设监理工程师资格。

（3）各类专业技术人员配置合理，已经取得通信建设监理工程师资格证书的各类专业技术人员与管理人员不少于 60 人，高级经济师、高级会计师不少于 3 人。

（4）近年来监理过 3 个以上一类通信建设项目或 6 个以上二类通信建设项目，经验收质量合格。且具有同时承担 2 个一类通信建设工程项目的能力。

（5）具有与承担监理项目相适应的检查、测量仪器设备和交通工具。

2.4.4 开工前准备工作检查

开工前的准备工作直接关系到工程进度和施工质量，监理单位应检查施工单位根据建设方和设计的要求编制的施工组织方案和进度计划，并检查开工前准备工作，做好开工前准备。

开工前准备工作检查的主要内容：

（1）检查施工单位的现场组织机构是否满足工程项目组织管理的需要。

（2）检查项目经理、技术负责人、安全负责人是否具有国家规定的相应资格证书。

（3）检查施工队伍的组织安排是否满足工程建设的需要。

（4）检查施工单位的施工机械、设备是否满足工程施工的需要。

（5）检查材料准备是否符合进度计划的安排。

（6）检查供应商的供货计划是否符合合同供货时间的约定。

2.5 施工阶段

2.5.1 第一次工程协调会

第一次工程协调会对于工程建设项目目标的实现有着十分重要的作用，因此，参加会议的人员应当是参与工程的设计、施工、监理、供应及建设单位的主要领导、设计负责人、项目经理、安全负责人、质量负责人、项目总监理工程师等。会议由建设单位的项目管理者组织。协调会的主要内容包括设备/器材供应商的设备/器材到场计划、施工单位的施工组织方案（进度计划、人、机、料、法、安全等）、监理单位的监理规划（监理机构的设置、现场监理的配置）、工程参与单位的组织机构及联络方式/驻地、工程参与单位在工程实施过程中必须互相配合和遵守的相关原则等。

2.5.2　现场设计交底

设计指导施工，这是设计单位的任务，也是设计质量的重要保证。大量工程建设，由于建设外部环境的变化，施工条件与设计不符合的情况经常发生，因此，建设单位应当要求设计现场技术交底。

设计师应当详细介绍设计意图、设计分工、施工界面，并说明工程中的难点、重点、施工方法和质量要求。

施工单位技术负责人，应当就设计中不明确的问题向设计师提出咨询。

现场设计交底应当做设计交底记录，并将记录归档保存。

2.5.3　施工过程管理

（1）建设单位的管理主要是对项目建设的质量、进度、投资、安全目标进行宏观管理，施工过程、施工现场主要通过监理工程师来实施监督管理。监理工程师按照"三控三管一协"对工程施工全过程实施监督管理。

（2）施工过程中发生的急需处理的共性问题，一般情况下由建设单位组织工程周（旬）会进行研究处理，特殊个案由建设单位的项目主管、总监、设计师、施工负责人即时协调处理。

（3）通信工程各专业施工，按照行业相关施工及验收规范和设计文件开展施工活动。

（4）施工过程中，由于施工环境的变化会导致很多工程变更。建设单位的管理者和监理工程师对这些变更必须遵守相关的变更流程。

2.5.4　工程信息

工程信息是管理者的管理依据，因此，工程周报/月报及其他信息收集、分析、处理与管理也是项目管理者的重要工作。通信工程建设周期短，一般采用"周报"。

建设单位的项目主管，一般都会根据建设项目的规模、特点，编制出工程"周报"模板供施工、监理单位采用。

信息管理也是监理工程师的工作内容。监理工程师应当按照"周报"模板的内容要求施工单位和参与工程的其他单位及时报送工程信息。

工程信息必须具有真实性、准确性、及时性。

2.6　验收阶段

工程项目验收，是对建设项目的全面评价，按照通信工程验收规范实施工程验收。通信工程验收一般分四个阶段。

2.6.1 初步验收

由施工单位按照设计完成全部工作量，向监理单位报送完工报告并经总监理工程师签字确认后，由建设单位组织初验。初步验收检查的内容参照通信工程验收规范执行。

2.6.2 试运行

初验通过后，项目投入试运行，由承担试运行的相关人员做详细的运行记录，并在试运行结束后写出试运行报告。

2.6.3 投产准备

在进行试运行的同时进行投产准备，如：生产维护人员配置、人员培训、生产设施准备等。

2.6.4 竣工验收

试运行期间将初验遗留问题全部解决，且试运行正常，由建设单位组织工程参与单位和生产部门进行工程竣工验收。宣读并通过竣工验收报告，项目投入生产。

复习思考题

2.1 通信工程建设程序分哪几个阶段？

2.2 勘察、设计的基本要求是什么？

2.3 设计会审的主要内容有哪些？

2.4 第一次工程协调会有哪些人员参加？会议的主要内容是什么？

2.5 A、B 两地间新建 30 km 光缆线路，根据工程建设流程，你如何进行项目管理？

第3章　通信工程勘察、设计及质量评价简介

［教学目标］

　　工程建设项目实施的首要依据是设计文件，设计是建立在勘察基础上的，设计文件是勘察、设计的最终成果。设计文件的质量直接影响到工程建设的安全、质量、进度和投资目标，因此，确保设计文件质量是实现工程建设目标的关键，确保设计文件质量也是设计师的基本任务和社会责任。本章还介绍了通信线路工程、移动通信工程设计的质量评价。

［教学要求］

　　通过本章学习，使读者掌握勘察的方法和勘察纪要的编写、设计的质量评价标准、对不合格设计的处置、线路工程设计可实施性的主要内容、移动通信工程设计中安全性的主要内容。

3.1　勘察、设计文件的基本要求

　　勘察、设计文件必须按照国务院令第 293 号——《建设工程勘察设计文件的编制与实施》和《通信工程设计文件质量特性和质量评定实施指南》来执行。

3.1.1　勘察的基本要求

　　工程项目建设是建立在设计的基础上的，设计是建立在勘察的基础上的。因此，勘察是设计的前期工作，是设计的基础。任何一个工程项目，必须有翔实的勘察纪要并经当地建设单位的勘察配合人员签字确认。

3.1.2　设计文件的基本要求

　　设计建立在可靠的勘察纪要上，设计必须符合设计规范的要求。设计文件中的图（图纸标识）、表（表格数据）、文（文字描述）必须准确、真实。设计文件中引用的标准、规范必须准确有效。概（预）算中的取费标准必须提供可查询的依据。

3.2　设计会审

　　过去的通信工程建设实践告诉我们，确保设计文件质量是工程建设质量、安全、进度、投资控制的前提。因此，对于设计会审环节，工程建设项目的管理者、工程建设的参与者应当引起足够的重视。把好设计会审关，是工程建设质量控制、进度控制、投资控制的首要环节。

3.2.1 预审

设计单位应事先将设计文件分发给会审参与单位，参与设计会审的人必须事先对设计文件进行预审，发现设计文件的质量缺陷，提出修改建议。

3.2.2 会审组织

设计会审一般由建设单位组织。设计单位将设计文件分发给工程参与的相关单位后，建设单位的项目管理者确定会审时间、地点，提前通知与会单位及相关人员。

3.2.3 参加会审的单位和人员

为确保会审质量，参与工程建设的设计、施工、监理、供应等单位的领导和建设单位的项目主管、随工代表、设计师、施工单位的项目经理、技术负责人、监理单位的总监理工程师、专业监理工程师应当参加设计会审会议。

3.2.4 设计会审的主要内容

（1）技术方案：网络拓扑结构、路由选择、站点选择、实施方案、施工工艺描述等。

（2）工程预算：工程量、取费标准/依据、取费系数——特别是土石方工程量的取费系数。

（3）设计文件质量特性：设计文件的功能性、政策性、安全性、经济性、可信性、可实施性、适应性、时间性是否符合质量评定的要求。

（4）设计文件的总体质量：通过设计会审的设计文件必须能指导施工，且技术方案科学先进、经济投入合理。

3.2.5 会审纪要

由项目总监理工程师整理会议纪要，经建设单位项目主管审查后反馈设计单位，由设计单位在限期内完成会审纪要中提出的修改意见，并将最终设计成果交建设单位。

3.3 设计文件质量评定

3.3.1 设计文件基本要求

交付用户的设计文件必须是通过设计单位的内部质量评定的合格产品。质量评定的主要方式是分层次审核，必要时还可以采用其他设计验证方法。设计文件应有各级质量责任人（勘察、设计、校对、审校、批准人）的签署，并由院（所）印■。设计文件必须是通过建设用户或其他上级主管单位组织的各阶段设计文件的会审评定，被确认为合格的产品。

3.3.2 设计文件的内部审核程序

设计文件的内部审核程序分三个层次进行，即指定的审核人对设计人出手质量的审核，设计室（处）主管对设计文件出室质量的审核，设计单位主管对出院（所）设计文件的质量审核评定。

各个层次审核发现的质量问题和不合格问题应如实即时记入审核意见表，设计人员应逐项注明是否已修改或重做，修正稿应按原程序复审，确定质量合格后由院（所）主管审核批准，作为质量合格品出版交付。

施工图设计图签是设计文件质量的集中表现，应当纠正施工图图鉴中无人签字、签字不全、签字人用电脑打印签字的错误做法。

3.3.3　设计质量外部评定

设计文件质量外部评定，一般采用设计会审的方式进行，参照现行部颁《通信工程设计文件编制和审批办法》执行。设计文件外部评定的内容可参考 3.3.4 的内容。

3.3.4　设计文件质量评定标准

设计文件质量评定标准按照《各类通信建设工程各阶段设计文件质量特性质量评定标准》执行。

各层次内部审核和外部评审指出的质量问题，设计修正后复审符合规定要求的文件即为合格品。

内部各级审核和外部评审确定设计文件质量存在下列情况之一者，应判定为不合格品：

（1）设计文件对功能性、政策性、安全性、经济性等项质量特性偏离了规定要求或缺少其中一项特性时，应判定为不合格品；

（2）设计文件对可信性、可实施性、适应性、时间性等项质量特性严重偏离了规定要求或缺少其中一项特性时，应判定为不合格品。

3.3.5　不合格品的处置

对被判定为不合格品的设计文件，设计单位或部门必须采取纠正措施，对其中不合格部分进行修改或重做，并按原审核程序审定为合格后才能交付。

为防止同样质量问题重复发生，设计单位或部门应采取预防措施，即查明和分析不合格项产生的潜在原因，在技术和管理上制定消除及防止再产生不合格项的有效措施规定，通报本单位所有设计人员执行；全部预防措施资料应有记录文件备查。

3.4　通信线路工程设计质量特性和质量评定标准

3.4.1　功能性

（1）设计确定的建设内容、规模符合设计委托书（任务书）的要求；
（2）各期业务预测的依据充分可靠，能满足企业发展需要；
（3）符合通信行业电话网总体设计方案；
（4）各局出局主干光（电）缆容量满足本期业务需要；

（5）长话、市话中继线路网及市话局间中继线路网改造设计能保证全网话务畅通。

3.4.2 政策性

（1）管线设施和管线建设规划必须纳入本地网（或城市）范围内的城市建设规划；

（2）设计方案符合现行部颁技术体制、技术政策，以及现行部颁通信行业相关建设标准；

（3）用户线路调整尽量不改变原有用户号码。

3.4. 3 安全性

（1）主要中继线路应采用两个不同路由或环形网方案；

（2）新建局站应满足防火、防水、防爆要求；

（3）埋式线路敷设位置应避开腐蚀地段、矿区及采矿地段，与其他地下管线的最小净距应符合设计规范要求；

（4）通信管道和地下其他管线及建筑物最小净距应符合设计规范要求（管道设计应有路由红线、地下资源描述），管道路由中应明确标明穿越公路、其他车行道、特殊地段的具体位置和保护方法；

（5）光（电）缆进线室内严禁通过煤气管道，并具有防火性能及采用防火铁门；

（6）架空线路过公路、桥梁、河流及"三线交越""飞线"等，应有明确的指导方案；

（7）架空线路在多雷区应有明确的防雷接地方案；

（8）光缆金属加强芯和金属护层在 ODF 架的连接，必须严格按照《通信线路工程施工及验收规范》（YD 5121—2010）的规定做防雷接地，严禁将防雷接地线接在机房保护地排上。

3.4.4 经济性

（1）工程投资总概算不超过设计任务书提出的投资控制数的±10％，企业另有规定的按企业标准执行；

（2）概算文件编制有充分依据（地质系数取定应有路由现场取样数据）；

（3）主干电缆芯线使用率合理；

（4）配线方式、交换区容量等选定合理。

3.4.5 可信性

（1）交接区、配线区划分合理，新建区与原区的改扩建设计综合协调合理；

（2）各种计算及依据参数正确，无计算差错；

（3）工程割接原则正确可靠（制定可指导割接操作人员具体操作的割接方案）；

（4）交接箱安装位置落实；

（5）地下进线室设计合理，便于施工及维护。

3.4.6 可实施性

（1）设计文件内容及深度符合部颁标准；

（2）设计说明能充分阐明设计意图，文字精练，提供可指导施工的施工图设计；

（3）配合建设单位同工程建设的外部协调单位（如穿越铁路、公路、河流、桥梁等设计方案应与当地主管单位及城市建设单位等）协商，能保证建设进度要求；

（4）通信线路工程在勘察过程中，对勘察确认的路由应设置路由标记，为施工阶段的路由复测提供可实施的依据。

可实施性是设计师的责任，不能将不可实施的方案转移给建设单位或施工单位。

3.4.7　适应性

局部线路网中交接区和配线区划分应适应后期业务发展及线路改造扩建方案的要求。光缆干线或环路中，光缆芯数容量的选择应充分考虑后期基站建设的需要。

3.4.8　时间性

符合建设进度计划的要求，按设计任务书规定的时间交付设计文件。

3.5　移动通信网工程设计质量特性和质量评定标准

3.5.1　功能性

（1）无线覆盖范围、所开放的业务及工程规模容量符合设计任务书和可行性研究审定批复方案的要求。

（2）通信系统功能和覆盖范围内的主要技术指标符合部颁设计规范规定。

（3）各小区覆盖范围能满足越区切换的要求。

3.5.2　政策性

（1）网络组织、设备制式和频段的选用符合现行部颁技术体制及技术政策的要求；

（2）局间中继线路、信令方式、接口参数、编号方式符合现行部颁通信行业建设标准。

3.5.3　安全性

（1）站址周围的环境条件符合防火、防震、防爆、防噪声、防洪等要求。

（2）防火设计方案符合现行部颁标准《邮电建筑防火设计标准》要求。

（3）接地、防雷符合设计规范要求。应当根据基站所处位置的地质条件、年平均雷暴日等，提出可靠且可实施的防雷接地方案。明确铁塔接地、机房保护接地、交流引入接地的具体位置，切不可错误理解"联合接地"，将防雷地、交流地、保护地接在一起。

（4）对土建、铁塔要求有足够的抗震、抗荷载、抗风荷的能力。

（5）铁塔基础建筑必须执行《塔桅钢结构工程施工质量验收规范》（CECS 80—2006）。

（6）铁塔基础建筑，应根据铁塔所在位置勘测地质条件、调查气象资料，根据铁塔的高度测算基础开挖方案和基础建筑方案。

（7）铁塔建筑位置应与其周围的公路、铁路、电力线路、油库、学校等其他重要建筑有足够的距离，其隔距应大于铁塔地面高度的 1.3 倍。

（8）铁塔塔形的选择，以安全为第一要素。

（9）城镇建筑物上，原则上不建筑铁塔。升高架、桅杆的高度应控制在安全范围内，设计中应有确保安全的详细施工方案。

（10）铁塔的安装，必须执行《塔桅钢结构工程施工质量验收规范》（CECS 80—2006）。不允许如图 3-1 所示"京—广线（定州）×××铁塔倒在铁路上致 29 趟列车停运"的情况发生，也不允许其他违反规范的情况发生。

（11）电磁辐射限值符合《电磁辐射保护规定》（GB 8702—88）要求。

图 3-1　2010 年 3 月 20 日京—广线（定州）×××铁塔倒在铁路上

3.5.4　经济性

（1）工程投资总概算不超过设计任务书提出的投资控制数的 ±10%，企业另有规定的，按企业规定执行；

（2）概算文件编制有充分依据；

（3）基础建筑设计，一定要根据地质、气象、塔高、负荷等条件进行科学的计算，要纠正"要使铁塔稳，基坑一定要深，多用水泥和钢筋"的错误设计；

（4）铁塔高度的选择，应满足无线信号传输和覆盖的需要、考虑网络优化的需要，要纠正"平原建高塔""丘陵选高山""山区塔比众山高"的错误设计；

（5）设备选型应经济合理。

3.5.5　可信性

（1）同频复用距离符合《关于同频道干扰保护比的规定》（GB 6281—82）；

（2）机房平面布局合理，能满足维护管理要求；

（3）基础建筑施工图设计，应杜绝"一图通用"（过去的铁塔基础建筑中，不按各站点的地质条件设计，一张施工图纸用于多个基站甚至于上百个基站，既不安全也不经济。这种设计不具备可信性）。

3.5.6　可实施性

（1）设计文件内容、深度符合现行部颁规定；

（2）设计说明能充分阐明设计意图，文字精练，提供可指导施工的施工图设计；

（3）基站建设站点是否具备施工（维护）道路、用电、用水等建设基本条件；

（4）配合建设单位同工程建设的外部协调单位协商，如基站用地、租用机房、租用城市建筑等，设计单位应与当地主管单位及城市建设单位等协商，确保施工队伍能按勘察设计选定的站点进场施工，能保证建设进度要求。

可实施性是设计师的责任，不能将不可实施的方案转移给建设单位或施工单位。

3.5.7　适应性

基站和天线铁塔设置、频道配置及设备选用等，符合近远期结合原则，能满足发展的需要。

3.5.8　时间性

符合建设进度计划要求，按设计任务书规定的时间交付设计文件。

其他类通信工程设计质量评价，参照《通信工程设计文件质量特性和质量评定实施指南》执行。

复习思考题

3.1　设计会审的主要内容是什么？

3.2　设计的质量评价标准是什么？

3.3　对不合格的设计应当如何处置？

3.4　线路工程设计的可实施性有哪些主要内容？

3.5　移动通信工程设计中的安全性有哪些主要内容？

第4章 通信线路工程

[教学目标]

本章主要介绍通信杆路工程和通信光缆工程，并引入工程案例，对通信线路工程进行详细介绍。

[教学要求]

通过教学，使读者掌握各类材料进场检验、线路工程路由复测、各类电杆埋深标准、角杆安装质量要求、光缆配盘的主要作用和配盘方法、架空线路如何防雷电、进局光缆重要质量控制点和质量控制方法。

4.1 通信杆路工程

4.1.1 进场材料检查

通信杆路工程的主要材料有电杆、水泥底盘（卡盘、拉线盘）、拉线地锚、钢绞线、抱箍、夹板、挂钩等。施工单位的质量检查人员、监理人员、供应单位的送货人应对这些材料的规格、型号、质量进行检查，并做记录和签认。不合格的材料不准进入工地。

水泥电杆是通信线路质量的重要材料，水泥电杆在出厂装车运输前，应当按合同规定抽一定比例进行破坏性检查，确认电杆生产用的钢筋、混凝土、生产工艺符合规范要求。

4.1.2 路由复测

（1）路由复测是对设计路由的进一步优化过程，复测中发现设计路由不合理、不安全或受干扰无法按原设计施工时，对于 500 m 以下的路由变更，在不增加投资的情况下，可由监理、施工人员提出合理的变更方案；500 m 以上的较大的路由变更，设计单位应至现场与监理、施工人员协商，填报工程变更单，经建设单位批准后实施。

（2）复测中要把握工程的难点，如把过电力线、过轨、过路、过江、过河等作为工程施工的难点和监理的质量控制重点。跨越大河、山谷等特殊地段采用飞线架设时，应做专门的施工方案，必须按设计要求敷设安装。

（3）通信杆路应按设计规定的杆距立杆。特殊地段的长杆档，必须确保杆路的负荷要求。

（4）通信线路过桥、过路等涉及赔偿费用的，必须事先办理合法签约手续，并经建设单位审查批准。

（5）通信杆路与其他建筑的隔距应符合通信行业现行标准。

（6）在三电合杆的线路上做终端时，应单设终端杆，以免破坏原三电合杆线路上的张力平衡，线路架挂高度一般应低于 5.5 m，确保通信缆线与 10 kV 电力线垂直隔距不小于 2.5 m。

4.1.3 洞深及回填

（1）电杆洞深应符合通信行业现行标准。特殊点不能保证洞深时，应做电杆杆根保护装置确保杆路稳固。

（2）杆洞、拉线洞回填土应分层夯实，每回填土 30 cm 夯实一次，市区与路面齐平，土路高出路面 5～10 cm，郊外应高出路面 15 cm。各种电杆埋深应符合表 4－1 所示要求。

表 4－1 电杆洞深表

电杆类别	洞深分类 杆长（m） 深（m）	普通土	硬土	水田、湿地	石质
水泥电杆	6.0	1.2	1.0	1.3	0.8
	6.5	1.2	1.0	1.3	0.8
	7.0	1.3	1.2	1.4	1.0
	7.5	1.3	1.2	1.4	1.0
	8.0	1.5	1.4	1.6	1.2
	8.5	1.5	1.4	1.6	1.2
	9.0	1.6	1.5	1.7	1.4
	10.0	1.7	1.6	1.8	1.6
	11.0	1.8	1.8	1.9	1.8
	12.0	2.1	2.0	2.2	2.0
木质电杆	6.0	1.2	1.0	1.3	0.8
	6.5	1.3	1.1	1.4	0.8
	7.0	1.4	1.2	1.5	0.9
	7.5	1.5	1.3	1.6	0.9
	8.0	1.5	1.3	1.6	1.0
	8.5	1.6	1.4	1.7	1.0

4.1.4 立杆

（1）电杆程式的选择：本地网中一般架空线路，选择 130 mm/7 000 mm 或 150 mm/7 000 mm 水泥电杆，过公路或其他难以保证线路与地面隔距的地方，可选用更高的电杆；山区或其他搬运困难的地方，可选用油木电杆；合建（几家建设单位合建）线路，电杆的选择应满足最下层线路的离地隔距符合规范要求。

（2）直线线路的电杆位置应在线路路由的中心线上。电杆中心线与路由中心线的左右偏差应不大于 50 mm，电杆本身应上下与地垂直。

（3）角杆应在线路转角点内移：水泥电杆的内移值（俗称"拨根"）为 100～150 mm，木杆内移值为 200～300 mm。因地形限制或装撑木的角杆可不内移。

（4）终端杆应向拉线侧倾斜 100～200 mm。

4.1.5 拉线、撑杆

（1）拉线设置应符合设计要求。拉线的材料、规格、程式及拉线地锚杆、拉线盘的规格等应以设计为准。

角杆拉线应在内角平分线的延长线上，终端拉线（顶头拉线）应在线路中心线的延长线上。

（2）架空通信线路的拉线应按下列规定选用：

①本地通信线路：

A. 线路偏转角小于 30°时，拉线与吊线的规格相同。

B. 线路偏转角在 30°～60°时，拉线采用比吊线规格大一级的钢绞线。

C. 线路偏转角大于 60°时，应设顶头拉线。

D. 线路长杆档应设顶头拉线。

E. 顶头拉线采用比吊线规格大一级的钢绞线。

②长途架空线路：

A. 终端杆拉线应比吊线程式大一级。

B. 角杆拉线的角深不大于 13 m 时，拉线与吊线程式同；角深大于 13 m 时，拉线应比吊线程式大一级。

C. 当两侧线路负荷不同时，中间杆应设置顶头拉线，拉线程式应与拉力较大一侧的吊线程式相同。

D. 假终结、泄力杆、长杆档和角深大于 13 m 的高拉桩杆，拉线程式同吊线程式。

E. 抗风杆和防凌杆的侧面拉线与顺向拉线，均可选用与吊线程式相同的镀锌钢绞线。

F. 抗风杆和防凌杆的拉线隔装数应符合规范要求。

关于抗风杆和防凌杆，在重负荷区，监理人员应当要求施工人员按设计施工；对于轻负荷区的杆路工程，在确保杆路稳固的条件下，不要过于强调抗风杆和防凌杆的拉线隔装数，可减少用地和施工阻挠。

（3）特殊点拉线。

靠近电力设施、机房终端杆及闹市区的拉线，应根据设计规定加装绝缘子。

绝缘子距地面的垂直距离应在 2 m 以上。拉线绝缘子的扎固规格应符合图 4-1 所示的要求。

为防止雷电流通过钢绞线进入局（站），要求钢绞线每隔 1 km 应当作电气断开，吊线电气断开处用绝缘子的连接也应符合图 4-1 所示方式。

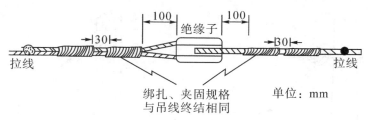

图 4-1　拉线绝缘子扎固图

拉线的制作工艺、安装位置应符合规范要求。

拉线地锚的实际出土点与规定的出土点之间的偏移应≤50 mm。地锚的出土斜槽应与拉线上把成直线。

（4）高桩拉。

在高山河谷或其他特殊地段，经常发生高桩拉情况。施工单位的技术负责人和监理人员应当要求施工队按以下要求施工。

高桩拉线的副拉线、拉桩中心线、正拉线、电杆中心线应成直线，其中任一点的最大偏差应≤50 mm，并符合图 4-2 的要求。

图中 $H \geqslant 5\ 500$ mm，L 符合拉线埋深要求。

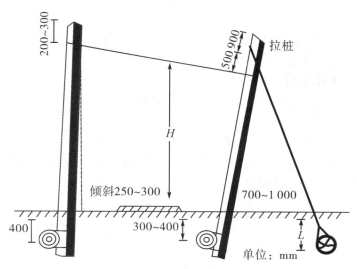

图 4-2　高桩拉线安装示意图

（5）吊板拉线。

同样，在一些特殊地段，没有按常规安装拉线的条件，必须采用吊板拉线。无论采用水泥杆或木杆，吊板拉线的规格应符合图 4-3 的要求。

23

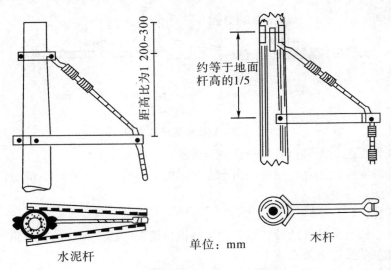

图 4-3　吊板拉线的制作安装示意图

（6）建筑物墙拉线。

墙拉线的拉攀距墙角应≥250 mm，距屋沿≥400 mm。

（7）撑木质量控制。

杆路工程中某些特殊点也常用撑杆，无论水泥电杆还是木质电杆，原则上撑杆都采用木杆。撑杆应符合以下质量要求：

撑木应按设计要求装设。

撑木埋深≥600 mm，距高比≥0.5，并加设杆根横木。

撑木应装在最末层吊线下 100 mm 处。

撑木的安装应符合图 4-4 的要求。撑木与电杆结合处，应将撑木顶端以直径分，锯成 2/5 和 3/5 各一面，其中 2/5 面应与电杆中心线成直角，3/5 面为贴杆面，应锯削成瓦形凹槽，撑木槽应与电杆紧密贴实。

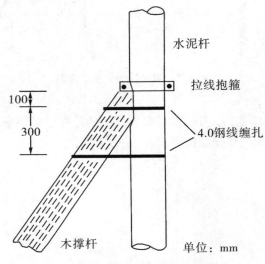

图 4-4　撑木制作安装示意图

4.1.6　电杆编号

（1）应按设计规定进行电杆编号工作。

（2）电杆编号可采用喷涂或书写。在同一个局的交换区或长途同一个中继段内，采用同一种方法为宜。

（3）市话杆路在同一个交换区内，应采用同一种方法书写或钉牌，杆号自光（电）缆 A 端向 B 端方向顺序编号。

（4）长途杆路在同一个中继段内，应采用同一种方法书写或钉牌，杆号自光（电）缆 A 端向 B 端方向顺序编号。

（5）杆号的字或牌的高度，最末一个字或号牌下边缘应距地面 2.5 米，杆号应面向街道或公路。

（6）电杆编号应齐全，字迹要清楚。

4.1.7　架挂吊线

（1）吊线的规格程式、架挂线位应符合设计规定。

（2）干线杆路或 8 m 以上电杆，一般情况下距杆顶 ≥500 mm，在特殊情况下应 ≥250 mm。本地网中的 7 m 杆，吊线夹板距电杆顶的距离一般应 ≥250 mm 为宜，以确保线路与地面的隔距符合规范要求。

（3）杆路上架设第一条吊线时，一般设在杆路沿路的车行道反侧或建筑物侧。

（4）在同一杆路同侧架设两层吊线时，两吊线间距为 400 mm。

（5）吊线在电杆上的坡度变更大于杆距 20% 时，应加装仰角辅助装置或俯角辅助装置，辅助吊线的规格应与吊线一致，安装方式应符合图 4-5 的要求。

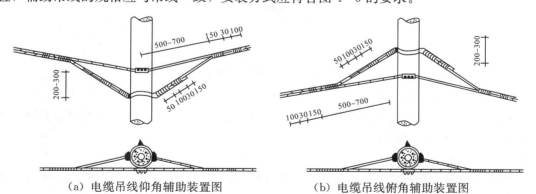

　　（a）电缆吊线仰角辅助装置图　　　　　（b）电缆吊线俯角辅助装置图

图 4-5　电缆吊线辅助装置图

（6）吊线接续应符合图 4-6 的要求。两端可选用钢绞线卡子、夹板或另缠法，两端用同一种方法。

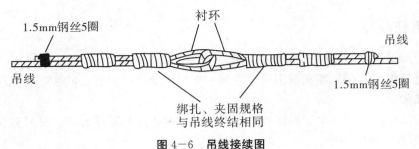

图4-6 吊线接续图

（7）角杆吊线辅助装置。

木杆角深在5~10 m时加装吊线辅助装置应符合图4-7（a）的要求，角深在10~15 m时木杆的吊线辅助装置应符合图4-7（b）的要求，水泥杆角杆辅助装置规格应符合图4-7（c）的要求。

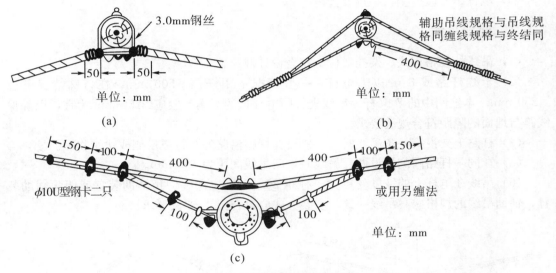

图4-7 角杆吊线辅助装置图

（8）吊线与电力线路交叉。

线路工程中吊线与电力线路交叉的情况普遍存在，施工人员必须按设计要求对架空吊线安装保护管，或在交越处的杆档对吊线进行电气断开。

（9）附挂杆路。

在附挂杆路上进行施工时，必须保证原有线路的安全；附挂电力杆路时必须按电力部门的相关规定施工。

（10）防雷接地。

根据《通信局（站）防雷与接地工程设计规范》（YD 5098—2005）的规定，局间架空光缆在易遭受直击雷的地段，光缆吊线应每隔300 m利用电杆避雷线或拉线接地，每隔1 km左右加装绝缘子进行电气断开。雷害特别严重的地段架空光缆上方应设架空地线。

监理人员应当督促施工单位对接地装置进行测试，测试数据应当及时记入隐蔽工程测试记录表，接地电阻值应当符合规范要求。

（11）局（站）前终端杆的防雷接地。局（站）前终端杆或终端杆的前一杆，必须做可靠的防雷接地装置；在终端杆处必须将吊线终端接地。光缆从终端杆引下埋地进入局（站），光缆引下可参考图 4－10 引上光缆安装及保护示意图，不准任何缆线架空进入局（站）。

4.2　光缆工程

4.2.1　光缆施工流程及质量控制点

光缆施工流程及质量控制点如图 4－8 所示。

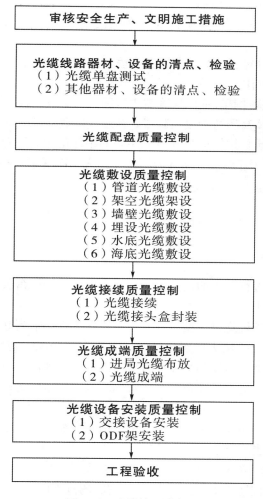

图 4－8　光缆施工流程图

4.2.2　检查安全文明施工措施

根据安全管理条例的规定，施工单位的项目经理和监理工程师，应审查各工区施工队的安全文明施工措施。

4.2.3 光缆单盘测试

光缆布放前，施工人员应对光缆进行单盘测试，监理工程师应对光缆单盘测试工作进行旁站监理，光缆单盘测试指标必须符合设计要求，并对测试结果进行签认。

4.2.4 光缆线路其他器材、设备的清点、检验

（1）光缆接头盒、光缆终端盒及其配套材料的型号、规格应符合设计规定。

（2）光纤配线架（ODF）的高压防护接地装置，其地线的截面积≥16 mm²。光纤配线架的高压防护接地装置与机架间的绝缘电阻≥1 000 MΩ/500 V（直流），机架间的耐压≥3 000 V（直流），1 min 内不击穿，无飞弧现象。

光纤配线架（ODF）的高压防护接地装置不符合要求或无高压防护接地装置的，不能使用。

（3）光缆交接箱箱体密封条黏结应平整牢固，门锁开启灵活可靠；门开启角度应当≥120°，便于施工和维护操作。

（4）经涂覆的金属构件其表面涂层附着力牢固，无起皮、掉漆等缺陷。

（5）光缆交接箱箱体高压防护接地装置，其地线的截面积应≥16 mm²。

（6）光缆交接箱高压防护接地装置与机架间的绝缘电阻≥20 000 MΩ/500 V（直流），箱体间的耐压≥3 000 V（直流），1 min 内不击穿，无飞弧现象；不符合要求的不能使用。

4.2.5 光缆路由复测

参照杆路工程路由复测要求执行。

4.2.6 光缆配盘

（1）光缆敷设前应进行合理的段长配盘。配盘应考虑光缆盘长和路由情况，应尽量做到不浪费光缆和减少接头。

（2）通过配盘，将各种规格、型号的光缆使用在工程的恰当地段。

（3）通过配盘，使光缆接头位置避开河流、水塘、沟渠、道路、管道中间等障碍地段，安放在地势平坦、地质稳固的地点或管道的人（手）孔内，以便于维护和抢修。

（4）配盘应考虑光缆的设计预留、自然弯曲增长等因素，光缆敷设安装的重叠和预留长度应符合规范要求。

（5）配盘应尽量避免短段光缆，短段光缆一般不应短于 200 m；靠近局侧的第一段光缆采用非延燃型缆时，也尽可能不短于 200 m。

（6）管道光缆与直埋光缆连接的接头点应设在人（手）孔内。

（7）架空光缆接头位置应落在距杆 1 菌 m 左右的范围内。

（8）监理工程师应审查施工单位编制的光缆配盘图，确保符合施工验收规范要求。

4.2.7 光缆敷设质量控制

1. 管道光缆质量控制

（1）敷设管道光缆的孔位应符合设计要求。

（2）在孔径 90 mm 及以上的管孔内穿放子管时，应按设计规定一次敷足子管。

（3）子管在人（手）孔内伸出管口长度宜为 20～40 cm，空管口应堵塞严密。

（4）光缆在各类管材中穿放时，管材的内径应不小于光缆外径的 1.5 倍，管口应进行封堵处理。

（5）光缆走向与端别均以设计确定为准，不得放反。

（6）光缆敷设的最小曲率半径应符合规范要求。

（7）大容量带状光纤（最大容量 288 芯，每带 12 芯，可一次熔接）禁用机械敷设，应采用人工手臂直拉牵引敷设光缆，敷设中严禁肩扛背拉牵引光缆，以免由于光缆局部强力扭曲，致带状光纤散纤或拉断光纤。

（8）人孔内余长光缆应盘成小盘用扎带捆好，采用挂钩或支架固定在人孔壁上。

（9）人（手）孔内的光缆应用波纹塑料管保护。

2．架空光缆质量控制

（1）架空光缆的架挂位置、端别方向、垂度、余留方式，以及防强电、防雷设施，均应符合设计要求。

（2）架空光缆敷设安装的最小曲率半径应符合规范要求。

（3）架空光缆应根据设计要求做伸缩预留，如图 4-9 所示。

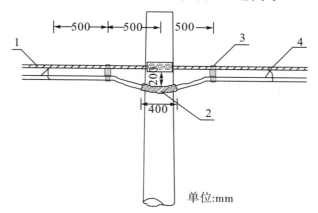

单位：mm

1-吊线；2-聚乙烯管；3-扎带；4-挂钩

图 4-9　光缆杆上伸缩预留示意图

（4）架空光缆的引上杆应采用钢管保护，高度大于 2.5 m；视管径应穿两根以上子管，下部延伸至人（手）孔内或地下；上部长于钢管口 30 cm。钢管及子管均应作堵塞处理。光缆引上后应作伸缩预留弯，其安装应符合图 4-10 所示要求。

（5）架空光缆防雷可采取吊线间隔接地，在雷害严重地段装设架空地线，或采用非金属加强芯或无金属构件结构形式的光缆。

（6）架空光缆与架空电力线路交越时一般应从电力线下方通过，并应在交越部位作绝缘处理。

（7）光缆在不可避免要跨越临近有火险隐患的建筑设施时，应采取防火保护措施。

（8）架空光缆跨越大河、山谷等地段采用飞线架设时，必须按设计要求敷设安装。

3．墙壁光缆质量控制

（1）应按设计要求的 A、B 端敷设墙壁光缆。

（2）墙壁光缆离地面高度应≥3 m，跨越街坊、院内通路等时应采用钢绞线吊挂，其缆线距地面应符合规范要求。

（3）吊线式墙壁光缆使用的吊线程式应符合设计要求。墙上支撑的间距应为 8～10 m，终端固定物与第一只中间支撑的距离不应大于 5 m。

（4）敷设卡钩式墙壁电缆应符合下列要求。

①应根据设计要求选用卡钩。卡钩必须与全塑电缆、同轴电缆外径相配套。

②电缆卡钩间距为 500 mm，允许偏差±50 mm。转弯两侧的卡钩距离为 150～250 mm，两侧距离须相等。

（5）墙壁或建筑物顶布放光缆，应避开建筑物的防雷接地线，确实无法避开的地方，应尽可能保持光缆与建筑物避雷带（或屋顶基站引下的防雷地线）的隔距，不允许将光缆布放、捆绑在避雷地线上。

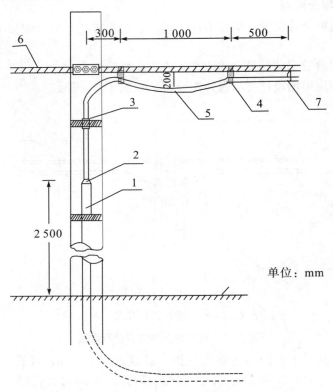

1-引上保护管；2-堵头；3-胶皮；4-扎带；
5-伸缩弯；6-吊线；7-挂钩

图 4-10　引上光缆安装及保护示意图

4. 埋式光缆敷设质量控制

埋式光缆施工中的多道工序属于隐蔽工程，现场监理人员应及时进行随工签证，有效控制工程质量。

（1）开挖缆沟。

①光缆沟中心线应与设计路由的中心线吻合，偏差应不大于 10 cm。

②光缆沟的深度应符合设计规定，沟深不允许出现负偏差。沟深在设计没有明确的情

况下，在征得设计、业主同意后，按规范要求施工。

③在石质、半石质地段，施工难度太大，沟深难以达到规范要求的，征得建设单位同意，可以采取砖砌加高方式增加缆沟深度。

④石质、半石质地段，应在沟底和光缆上方各铺 10 cm 厚的细土，此时可将沟深视为光缆的埋深。

⑤冻土地带的光缆埋深，应在冻土层以下。

⑥截流挖沟处的沟深以施工图设计为标准。

⑦沟底应平整、无碎石，沟坎要平缓过渡，转弯处光缆的曲率半径应符合规范要求。

（2）敷设埋式光缆。

①光缆沟经监理人员检验签证后，方能敷缆。

②敷缆时 A、B 端别不得放反。

③敷设埋式光缆应按设计规定地点和长度，留足预留缆。

④敷缆时要避免在地面拖、磨和车压，穿管、交越等障碍点要有专人值守，以防光缆打背扣或外护套刮磨受损。

⑤光缆必须平放在沟底，不得腾空或拱起。

⑥同沟敷设多条缆时，各条缆应自始至终按设计规定的位置布放，不得交叉或重叠，其相互间隔：本地通信光（电）缆应大于 5 cm，长途光缆应大于 10 cm。

⑦敷缆时，应检查光缆的金属外护套是否完好，发现破损和异常，应照相并作记录，视情况予以修复，或报告建设单位通知供货商更换。

（3）光缆防护。

①埋式光缆顶管穿越铁路、公路时，可采用内径不小于 80 mm 的无缝钢管，其顶管位置应符合设计要求；允许破土的位置可采用塑管或钢管埋管保护，保护钢管应伸出路基两侧排水沟外 1 m，穿越公路排水沟的埋深应在永久沟底以下 50 cm，并将两头管口堵塞严密。

②埋式光缆穿越乡村大道、村镇以及市郊居民区等易动土地段时，可采用内径不小于 50 mm 的大长度塑料管或铺砖保护。

③埋式光缆穿越沟渠、水塘时，在缆上方应覆盖水泥盖板或水泥砂浆袋保护。

④光缆敷设在坡度大于 20°、坡长大于 30 m 的斜坡地段宜采用"S"形埋设。若坡面上的光缆沟有受到水流冲刷的可能时，应采取堵塞加固或分流等措施。

⑤埋式光缆穿越沟坎、梯田，当高差在 0.8 m 及以上时，应做护坎或护坡保护；高差 0.8 m 以下不做保护但需夯填。

⑥年平均雷暴日数大于 20 的地区，以及有雷击历史的地段，光缆线路应采取防雷保护措施，防雷措施按设计或规范要求实施。

（4）缆沟回填。

①埋式光缆敷设完毕，须经现场监理人员检查签证后，方可回填，严禁将石块、砖头、冻土等填入沟内。

②回填 30 cm 的细土 72 小时后，应测试光缆金属护套对地绝缘电阻，如绝缘电阻达标，可进行全沟回土。

③石质、半石质地段敷缆，应在沟底和光缆上方，各铺 10 cm 厚的细土。

④回填土在市区应每回填 30 cm 夯实一次，并及时清理余土。

⑤回填土在市区应与路面齐平，土路高出路面 5~10 cm，在野外应高出地面 15 cm。

（5）标石埋设。

①标石的埋设应符合设计要求。

②接头点应埋设监测标石。

③标石的埋设位置、深度、间隔等应符合设计要求。

5. 水底光缆敷设质量控制

水底光缆的敷设方式根据河流不同的水深、流速、河床土质、通航情况，采用人工截流、水泵冲槽（河床为石质时采用水下爆破）以及抛锚布放、拖轮布放等方法，不论采用何种施工方法，其埋深、走向位置、保护措施、预留长度均应符合设计要求。

（1）水底光缆埋深。

①岸滩比较稳定的地段不应小于 1.2 m，易受洪水冲刷或土质松散的地段应适当加深。

②水下的埋深要求：枯水季节水深小于 8 m 的区域，河床不稳定或土质松软时，光缆埋入河底深度不小于 1.5 m；水深大于 8 m 的区域，可将铠装光缆直接布放在河底不加掩埋。

③在冲刷严重和极不稳定的区域，应埋在变化幅度以下，如遇特殊困难埋深应不小于 1.5 m。在有疏浚计划的区域，应将光缆埋在规划深度的 1 m 以下，同时光缆作适当预留；

④石质、半石质河床，埋深应不小于 0.5 m 并在上方采取保护措施。

（2）水底光缆敷设。

①水底光缆的结构、规格应符合设计规定，并按设计规定的方式和 A、B 端别进行布放。

②敷设时应测准基线，控制方位，向河流上游做弧形敷设到位。弧形顶点至基线的距离，一般可为弦长的 10%。

③水底光缆的上岸坡度应小于 30°，超过时应加保护措施。

④敷设过程中，水底光缆曲率半径应大于光缆外径的 25 倍。

⑤应派专业潜水人员下水检查（监理人员必须随时监视水下检查人员的安全状态），光缆不得在河床腾空或打小圈，确保光缆埋深和敷设质量。

（3）水底光缆保护。

①水底光缆不宜穿越石砌或混凝土河堤，必须穿越时应与主管部门协商确定保护措施。

②水底光缆在堤顶埋深不应小于 1.2 m，在堤坡的埋深不应小于 1.0 m，堤坡的修复复原方案应与主管部门协商确定。

③水底光缆引上岸滩后，按设计做 1~2 个 S 弯的要选在土质坚硬地带做，每个 S 弯的半径一般应不小于 1 m。

④水底光缆应伸出堤外不小于 50 m，无堤的河流应伸出岸边不小于 50 m。

⑤敷设水底光缆的通航河流，应按设计要求划定禁止抛锚、挖砂的区域并设置水线标志牌或"光缆区域"牌。

6. **光缆接续质量控制**

（1）接续的基本要求。

①光缆接续和测试人员必须经过专门技术培训后，才能上岗工作。

②光缆接续应在清洁的专用工具车或搭建的帐篷内进行，严禁在露天作业。

（2）光缆接续。

①接续前应核对光缆规格型号、端别是否符合设计文件规定，逐根检测光纤是否有障碍，直埋光缆还要测试记录光缆金属护套和金属加强芯对地绝缘电阻。

②光缆的金属护套和金属加强芯在光缆接头盒内应断开，要求连接的两侧光缆金属构件不作电气连通；金属加强芯固定在盒内接线柱上，要牢固可靠。

（3）光纤接续质量控制。

①必须按色谱和纤序一一对应接续，不得错接。

②接续时应用 OTDR 进行监测，由于单模光纤对 1 550 nm 波长微弯损耗敏感，光缆的接头损耗以 1 550 nm 波长监测数值为准，1 310 nm 波长仅作参考；因多模光纤只传输 1 310 nm 波长，光缆的接头损耗以 1 310 nm 波长进行监测。在接续监测过程中发现问题，应及时分析研究，确保接续质量。

纤芯接续时，操作人员不能将纤芯对准眼睛。

③光纤固定接头应采用熔接法。

④光纤活动接头应采用成品光纤连接器。

⑤光纤接头损耗应达到设计规定值：单纤平均接头损耗≤0.08 dB（中继段内光缆接头平均损耗值）。一般单纤双向平均接头最大损耗应≤0.1~0.3 dB，由于长途光缆的接头损耗不仅考核单纤双向平均最大接头损耗值，还要考核中继段内光缆接头平均损耗值。为此，在监理施工接续时，要求施工人员对接头损耗进行内控，以免接头损耗超标。

⑥光纤全部接续完成后，根据接头盒的结构，按工艺要求将余纤盘放在收容盘上，并将两侧余留光纤贴上端别和纤序标记。余纤在光纤盘片内的曲率半径应≥30 mm，同端光纤的盘绕方向应一致，盘纤要圆滑、自然并无扭绞挤压、松动现象。光纤连接后的余留长度一般为 60~100 cm。不允许光纤余留过长或将冗长的光纤成堆捆绑导致传输质量下降。

⑦带状光纤接续后应捋顺，不得有 S 弯。

⑧光缆接头盒内纤序标志要准确、清晰、易查。

（4）接头盒的封装安放质量控制。

①光缆接头盒的封装必须严格按供货商提供的工艺要求进行；采用可开启式接头盒，安装螺栓应均匀拧紧，无气隙。

②热可缩接头套管热缩后，要求外形美观，无变形，无烧焦，熔合处无空隙、无脱胶、无杂质等不良状况。

③接头盒（套管）内放入接续责任卡片。

④封装完毕后，有气门的接头盒（套管）应做充气试验。需要做地线引出的，应符合设计要求。

⑤光缆接头装置的编号标志要清晰、易查。

⑥直埋光缆接头坑应不小于 1.2 m×1.2 m，深度应符合设计要求。

⑦直埋光缆接头的保护、监测装置应符合设计要求。

⑧直埋光缆接头盒安放完毕，还应复测光缆金属护套与金属加强芯对地绝缘电阻。

⑨人孔内的光缆接头盒安装位置应符合设计要求，接头应有定位措施，安装牢固。

⑩人孔内余长光缆应盘绕、捆扎整齐，将盘好的余长光缆采用挂钩或盘架固定在人孔壁上。

架空光缆接头盒根据接头盒的程式宜安装在电杆附近的吊线上，立式接头盒可安装在电杆上。光缆接头盒安装必须牢固、整齐，两侧必须作伸缩预留，目的是防止气温变化导致光缆外护层从接头盒内脱出，造成接头盒内的部分光纤发生断纤等故障。安装应符合图4-11所示的要求。

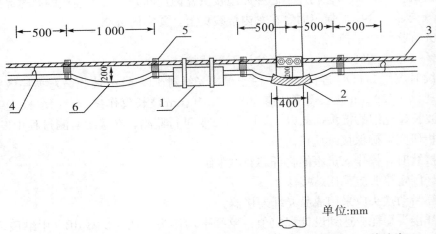

单位:mm

1-光缆接头盒；2-聚乙烯管；3-吊线；4-挂钩；5-扎带；6-伸缩弯

图4-11 架空光缆接头盒安装示意图

要特别提示的是：接头盒两端伸缩弯的制作工艺必须符合图4-11所示的要求，使吊线和光缆上的雨水从伸缩弯（也是滴水弯）方向流走，不能将吊线和光缆上的雨水引向接头盒。

光缆接头的预留光缆宜安装在两侧的邻杆上，并按设计规定的方式盘留，如图4-12所示，可采用预留支架或光缆收线储存盒的安装方式。

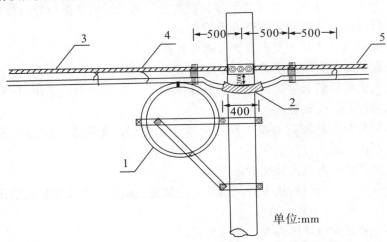

单位:mm

1-预留光缆；2-聚乙烯管；3-吊线；4-挂钩；5-扎带

图4-12 预留支架光缆安装示意图

7. 光缆进局及成端质量控制

（1）进局光缆布放。

①进局光缆应按设计要求采用非延燃型护套光缆或采用其他阻燃措施。

②进局光缆的管孔使用安排和在进线室光缆托架上的位置，应符合设计要求。其在托架上应排放整齐，不重叠，不交错，不准上下穿越或蛇行；引上转角的曲率半径应符合规定。

③光缆排放的 A 端在上列（总配线架）一侧，B 端在局前人孔（用户方向）一侧。

④进局光缆布放后，应将局前人孔和光缆地下室的穿缆管孔，用机械方法或化学方法予以及时堵塞，进局光缆的外护套应完整无可见损伤；光缆接头的布放应交错排列，接头任一端距光缆转弯处应大于 2 m。

⑤进线室光缆应按设计要求做好编号和相关标志。

（2）光缆成端。

光缆成端方式与工程选用的光纤配线架（ODF）、光纤配线盘（ODP）等生产厂商不同，其布缆成端安装工艺也有所不同，一般都应按厂商提供的工艺安装手册进行，但不论何家产品，光缆成端都应符合以下要求：

①ODF 架的防雷接地装置必须符合规范要求。

②光缆应按设计规定留足余长。

③光缆在 ODF 架或终端盒做终端，光缆的金属构件应接防雷地线，地线与 ODF 架接地装置应接触良好，ODF 架接地装置至机房防雷接地排的接地线的规格、型号应符合设计要求。接地线严禁成螺旋形布放。

④光纤成端应按纤序规定与尾纤熔接，并采用 OTDR 监测，光纤端别、序号应有明显的标志。

⑤光纤及尾纤预留在 ODF 架盘纤盒中安装，应有足够的盘绕半径，要求盘绕自然、圆滑，并稳固、不松动。

⑥光缆、尾纤安装应整齐、美观，便于维护。

8. 光缆设备安装质量控制

光缆线路中的光交接箱、光分路器、光纤配线架、ONU 等线路设备的防雷接地装置，都必须符合《通信线路工程施工及验收规范》（YD 5121—2010）的规定。

（1）光纤配线架安装质量控制。

光纤配线架（ODF）、光纤配线盘（ODP）的安装位置应符合设计要求，安装工艺基本要求按设备安装工艺质量要求执行。

（2）光缆交接箱安装质量控制。

①光缆交接箱的规格型号、安装地点与方式均应符合设计要求。

②光缆及尾纤、跳纤、适配器在光缆交接箱内的路由走向及固定方式应符合设计要求，并符合光缆交接箱产品说明书的要求。

③交接箱的安装位置、安装高度、防潮措施等应符合设计要求。箱体安装必须牢固、安全、可靠，箱体的垂直偏差≤3 mm。

④交接箱体底部光缆进出口应封堵严密。

⑤交接箱的跳线穿放走径合理，线对有序无接头。

说明：本书未将电缆工程纳入，在电缆工程中可参考光缆线路工程相关要求。在质量控制中如有不明确的地方，按设计和电缆工程相关规定执行。

复习思考题

4.1　通信杆路工程有哪些主要材料？

4.2　通信杆路工程有哪些主要工序？

4.3　角杆安装有哪些质量要求？

4.4　光缆配盘的主要作用是什么？

4.5　架空线路如何防雷电？

4.6　进局光缆有哪些重要质量控制点？

4.7　若从 A 至 B 建一条光缆线路，假设：

（1）光缆线路长度为 3 200 m。

（2）从 A 至 B 为上山坡道公路，有 2 处急弯道，光缆线路原则上不允许随公路急转弯，可在适当位置采用长杆档"飞线"方式架设（档距按 140 m 设计）。

（3）光缆线路有 2 处跨越公路，光缆离公路地面最低点必须大于 5.5 m（可用 8 m 或更高的电杆）。

（4）光缆线路有 3 处从 10 kV 电力线下方通过，应采取相应的措施。

（5）一般杆距原则上按 50 m 设计（飞线档除外）。

（6）每 500 m 做一次预留（约 18 m）。

（7）电杆洞深按普通土 1 400 mm 深设计。

（8）吊线架设位置：距杆顶端 300 mm。

（9）一般路由用 150 mm/7 000 mm 水泥杆，飞线档可用 180 mm/8 000 mm 水泥杆。

（10）线路为多雷区，每 300 m 做一次防雷接地。

（11）光缆为 12D（12 芯），钢绞线为 7/2.2 mm。光缆、钢绞线的损耗按 2% 考虑。

根据假设条件，试绘制 A 至 B 的参考路由图纸，编制勘察纪要，说明"过公路""飞线""过电力线"采取相应措施的理由，并概算主要材料用量（填写"主要材料表"）和主要工程量（填写"主要工程量表"）。

主要材料表

序号	材料名称	规格程式	单位	数量

主要工程量表

序号	单项工程名称	单位	数量

第 5 章　基站建设

[教学目标]

　　自从有移动通信以来，移动通信基站建设成为通信工程建设的主要任务。从建设程序上讲，移动通信基站建设包含了勘察设计、施工、验收等工程建设的全过程；从工程专业上讲，基站建设包含了约80％的通信工程专业。本章将对基站建设中各专业工程进行较详细的介绍。

[教学要求]

　　通过对基站各专业工程的施工介绍，使读者掌握：

（1）移动基站站址选择的基本要求；

（2）移动基站各系统防雷接地的质量要求；

（3）铁塔基础建筑的主要工序；

（4）自立式铁塔安装的一般要求和质量控制；

（5）开关电源的安装要求；

（6）基站设备安装要求；

（7）馈线安装的质量要求；

（8）基站竣工资料编制。

5.1　站址选择及机房要求

5.1.1　总体要求

　　无线基站机房设计应符合城建、环保、消防、抗震、人防等有关要求。

　　无线基站机房的耐久年限为50年以上，耐火等级不低于二级。

　　无线基站机房站点必须根据当地的地质、水文气象资料及配套资源和无线传播环境情况做出合理选择。

　　基站站址的选择，必须确保与原有建筑设施的安全隔距。

5.1.2　移动基站站址选择

1.　基本要求

　　（1）根据无线网络规划，基站机房地址宜选择在规划点的位置附近，其偏离的距离，城区宜小于1/8基站区半径，乡村宜小于1/4基站区半径。基站四周应视野开阔，城区基站的主波瓣前方200～300 m范围内没有高于基站天线高度的高大建筑物阻挡，在乡村

1/2～1/3基站覆盖半径附近没有高于基站天线高度高山的阻挡。

在站址和铁塔高度选择时，还必须注意：应满足无线信号传输和覆盖的需要，考虑网络优化的需要，要纠正"平原建高塔""丘陵选高山""山区塔比众山高"的错误选择和错误设计。

（2）各基站站点机房选择应结合当地的市政规划、环保，并与市政规划等相关部门做好协调、沟通，避免由于对市政规划不了解而造成工程调整。

（3）严禁在基本农田保护区域内选择站点，严禁在民航航线上、军事管制区、军事航线上选择站点，不宜在道路、江河航道、高速公路及其他控制区内选择站点。

（4）拟建地面塔的站点距离电力和通信线路、加油站、加气站、铁路及其他危险、重要设施的水平距离宜不小于地面塔高的 1.3 倍。

（5）机房站点安全性要求：

①各机房站址应结合当地的水文、地质、气象资料，宜选在地形平坦、地质良好、坚实的地段。应避开有可能塌方、滑坡的地方。

②郊区（农村）基站应尽量避免设在雷击区和大功率变电站附近，并距离大功率变电站直线距离 200 m 以上。

③站址应选择在比较安全的环境内，不应选择在易燃、易爆场所附近，以及在生产过程中容易发生火灾、爆炸危险或散发有毒气体、多烟雾、粉尘、有害物质的工业企业附近。

④避免在大功率无线电发射台、雷达站和生产强脉冲干扰的热合机、高频炉的企业或其他强干扰源附近设置基站机房。

⑤充分考虑站址获取的可行性，充分考虑利用现有电信机房资源，尽量选择交通方便、容易协商的物业、土地以及交流供电。

⑥无线基站专用机房应充分考虑设备的可扩展性，机房的平面尺寸根据和物业业主协商的具体情况，选取机房面积宜为 15～25 m²；同时，机房长不小于 3.5 m，宽不小于 2 m，净高宜大于 2.6 m。

⑦在基站站址选择时若相邻几个建筑均可选，首先选取框架结构建筑作为基站站址，其次考虑选用砖混结构建筑作为基站站址。

⑧机房位置尽量靠近天面，机房到天面之间最好有弱电井通道且空间足够，以利于室外走线架安装及馈线的布放，馈线布放长度宜小于 80 m。室外走线架及馈线不得在房屋的临街面外墙布放。

⑨如果物业业主指定机房过大，尽量考虑采用隔断的方式独立出基站专用机房，设置隔断时应尽量保证机房进出方便以及利于电源、传输、馈线及接地线的布放。

⑩如果物业提供机房面积不能满足基站设备安装要求，则需要根据现场具体情况确认宏基站主体及配套设备摆放是否满足设备要求及楼板承重要求，是否能够留有足够空间进行设备的安装及维护操作；若机房不满足条件，但天面满足安装条件，则可利用射频拉远站或室外型基站解决。

2. 射频拉远站的设置和选址

（1）BBU＋RRU 解决方案，即射频拉远站，其核心思想是将基站的基带部分和射频部分分开，射频部分可以灵活地放置在室内或室外。在机房大楼集中放置基站的基带共享资源池（即 BBU），使用光纤连接基带池与分布于城市中的射频拉远单元（即 RRU）。

（2）射频拉远站具有集中部署网络容量、分布式无线覆盖、施工简便、成本低的优势。可满足城市、郊区、农村、高速公路、铁路、热点地区等对无线覆盖的要求。

（3）射频拉远站主要应用于基站选址困难、分布式覆盖的环境。

（4）射频拉远站也可应用于大规模的室内分布系统。

5.1.3 移动基站机房要求

1. 基本规定

（1）本节内容主要适用于利用已有建筑（旧房屋）作移动通信机房使用。在未确定使用前，应当查阅原建筑设计资料，核实拟用于基站建筑、基站机房的建筑物是否符合基站建设的需要。

（2）移动基站机房按 7 度抗震设防烈度考虑。尽量不要选择抗震设防烈度低于 7 度的物业。

（3）对拟利用的房屋应做鉴定和评估，为房屋的改造决策提供依据。

（4）房屋利用和加固以确保原房屋的结构安全为前提，通过局部简单的改造达到使用要求为原则。特别是用于安装蓄电池的房间，应严格校核楼面荷载。

（5）根据《电信专用房屋设计规范》（YD 5003—94）要求：作为移动通信机房使用的房间，其楼面活荷载标准值不应小于 $6.0\ kN/m^2$。校核楼面荷载时，可按楼面等效均布荷载方法。除设备荷载按实际情况考虑外，楼面其他无设备区域的操作荷载，包括操作人员、一般工具等的自重，可按 $1.0\ kN/m^2$ 采用。

（6）实际选择时，机房楼面活荷载标准值宜大于 $3.0\ kN/m^2$，但应不小于 $2.0\ kN/m^2$。

（7）房屋利用和加固由于改变了原建筑的使用功能和要求，应经技术鉴定和设计许可，由原设计单位或委托其他具有相应资质的设计单位进行结构复核和加固设计。

2. 房屋利用

（1）房屋利用应保证新增设备后楼面等效均布活荷载不超过原设计楼面使用活荷载。

（2）新增设备后楼面等效均布活荷载的标准值，应根据工艺提供的设备的重量、底面尺寸、安装排列方式以及建筑结构梁板布置等条件，按内力等值的原则计算确定。楼面等效均布活荷载，可按《建筑结构荷载规范》（GB 50009—2001）附录 B 的规定计算。

（3）设备的布置，在满足工艺安装使用要求的前提下，应尽可能分散并靠近梁、柱、墙，避免集中布置和布置在梁板跨中，并应对使用做出明确要求。蓄电池应靠墙、柱摆放，距离墙面距离 100 mm，蓄电池下面垫一层绝缘垫。

（4）各类设备的布置，应尽可能避免缆线在走线架上交叉，并便于后期扩容施工。

（5）设备底座固定，应采取隔音措施，减少设备噪声对下一层人居的影响。

3. 房屋加固

（1）当不能满足要求时，应进行加固设计。

（2）加固设计时，应根据原建筑的结构形式、受力特点，并结合工艺使用要求和当地施工技术力量，采取合理的加固方案，并进行结构的局部和整体计算复核。

（3）房屋加固的建设流程。

①房屋加固必须委托具备相应资质的设计、监理、施工等单位进行，加固范围较大或涉及需整体结构加固的，宜委托原设计单位或专业的加固设计单位进行加固设计。

②建设单位应为加固设计单位提供房屋的原始资料，如不能提供，应委托专业的检测机构对房屋进行技术鉴定，加固设计单位根据房屋的原始资料或鉴定结果结合工艺布置和使用要求进行核算后提出初步的加固方案和建议。

③建设单位对加固方案进行评审，通过后由设计单位进行加固设计。

④加固设计完成后，由建设单位组织设计、监理、施工等相关单位对加固设计图纸进行会审。

⑤加固设计会审通过后，由监理单位负责对施工过程进行全程监理，建设单位进行抽查，并根据国家相关施工验收规范要求组织分部和总体工程验收。

（4）加固处理的基本原则和方法。

①房屋加固应做到经济、合理、有效、实用，力求通过局部简单的加固处理达到满足使用要求的目的。

②对于使用年限已接近 50 年的房屋不宜考虑加固处理后作机房使用，如需利用，应委托专业机构对房屋作技术鉴定。

③对于一般民用住宅和其他楼面设计使用荷载不超过 $2.0\ kN/m^2$ 的房屋，均必须作加固处理后才可作机房使用。

4. 机房装修要求

（1）基站机房采用密闭结构；机房在楼顶的，机房顶部需要做防水渗透处理。

（2）基站机房的墙面平整洁净、无尘网、无装饰、无吊顶，机房墙面、顶棚采用白色涂料，严禁出现"掉灰"现象；机房地面光洁平整，不漏水，可以采用水泥地面（刷绝缘漆）、水泥豆石地面或铺设白色瓷砖并进行防尘处理。基站机房原有水泥豆石地面或瓷砖的可以利用，基站机房地面原来为水泥地面的需要刷绝缘漆。

（3）已有玻璃窗的基站机房，需用遮光、防火、隔热材料进行封堵，保证机房的隔热效果。若用砖块封堵玻璃窗，其外墙应与整幢楼宇的外立面协调。严禁使用窗帘等宜燃材料。

（4）基站机房的进户门为外开防火防盗门、锁，耐火等级为二级。同一地区（县）建议配置通锁，方便维护。

（5）机房消防告警系统、消防设施、消防器材的配备必须符合消防部门的要求，至少配备 2 个手持二氧化碳灭火器，布放位置明显，便于取用，并设有醒目标志，保持随时有效。

（6）机房应安装冷光灯，灯电源线用 PVC 管敷设到机房交流配电箱；机房应配置 2 个交流电源插座、2 个空调插座。插座电源线用 PVC 管敷设到机房交流配电箱。线路、开关安装工艺质量参照建筑电源安装规范执行。

（7）插座接线严格按插座孔的左（孔）零（线）右（孔）火（线）上（孔）接地，同时必须接保护地线。开关、插座均应选用正方、明装形式。

（8）机房照明必须有正常和应急两种照明。

（9）交流配电箱尽量靠近走线架下方，交流配电箱下沿距离地面 1.5～1.8 m，插座离地 0.3 m。

（10）馈线孔应尽量开在不临街的外墙面上，以便于馈线从外墙布放至楼顶，尺寸根据厂家馈线窗尺寸要求确定，馈线孔下端距离地面高度不小于 2 m。

（11）机房空调排水管的位置设置合理，严禁影响周围居民的生活。

（12）机房需预留 3 个孔洞，分别是交流电源引入孔、空调孔、接地引入孔。

（13）室内走线架制作材料为结构钢（表面喷塑），尺寸为 400 mm×40 mm×25 mm（壁厚不小于 0.8 mm）。

（14）室内走线架制作材料必须表面光滑无毛刺。

（15）室内走线架连接接头两边各用两颗螺栓紧固；室内部分走线架吊杆每组间隔 2 m 或固定于走线架连接点处，但不得超过 3 m，并用 ϕ10 mm 膨胀螺栓固定。

（16）室内走线架的安装必须水平、整齐，馈线窗内外走线架尺寸必须一致，室内走线架高宜为 2 m。

5. 基站机房建设

（1）机房建设要求。

①机房建设应根据站点环境要求，灵活选择采用活动机房还是土建机房。

②机房的抗震设防烈度应根据不同地区予以确定。

A. 机房的抗风能力：应满足现行国家标准《建筑结构荷载规范》（GB 50009—2001）的规定执行，基本风压按当地历史记载 50 年一遇采用。

B. 机房的抗震设防烈度为 7 度。

③根据选择站点实际施工条件及无线基站天馈线挂高要求、站点的远景规划，如果拟建站点可使用土地面积在 35 m² 以下，则只能修建铁塔，基站设备采用室外型基站。

④无线基站专用机房应充分考虑设备的可扩展性，机房的面积不宜小于 15 m²，新建机房尺寸宜为：塔包房 4 m×4 m，普通机房 3.3 m×5.3 m，高不小于 2.8 m（均为房内净值）；旧机房可利用面积应具有 2~3 个机架的空间。

⑤新建无线基站机房应尽量采用塔、房分离方式，机房距离铁塔不小于 5 米。城镇建筑物顶上宜建筑小于 15 m 的升高架或桅杆，严禁采用房顶建铁塔方式。

⑥机房结构柱与水平梁的钢筋接头部分必须采用"焊接"方式，严禁绑接，屋面钢筋网与屋顶圈梁之间至少有 4 个焊接点。

⑦基站土建工程回填土必须按建筑规范要求，必须要夯实回填土。

⑧活动机房基础。

A. 活动机房基础应置于硬土上，如遇软土地基应作换土处理。

B. 活动机房的空调外机位置也需作基础，如图 5-1 所示。

⑨所有机房墙体必须预留馈线窗洞（馈线窗规格参见图 5-2、5-3）、交流引入孔、空调排水孔（双孔）。馈窗洞应高出室内走线架 100 mm，如果层高不足，可以根据实际需要作相应调整，但不能影响安装布局。

⑩所有窗、孔必须用防火泥封堵。

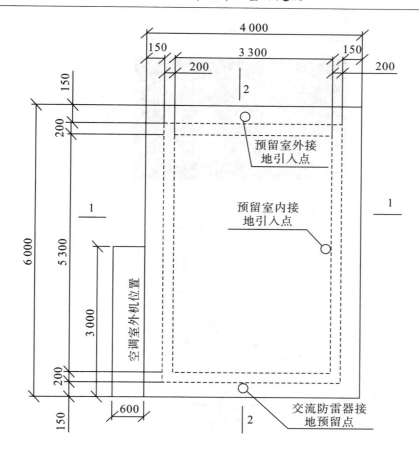

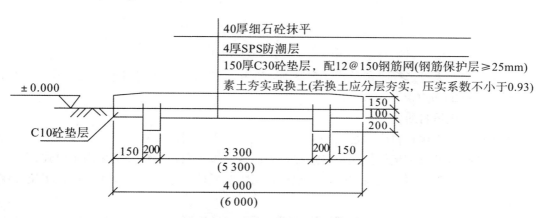

图 5-1　活动机房基础平、剖面图

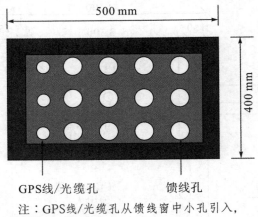

GPS线/光缆孔　　　　　馈线孔

注：GPS线/光缆孔从馈线窗中小孔引入，
馈线从大孔引入。

图 5-2　馈线窗可选图例 1

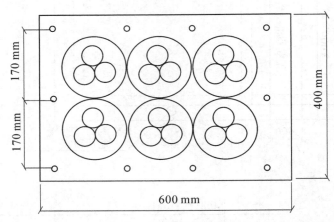

图 5-3　馈线窗可选图例 2

特别说明：无论选择哪种形式的馈线窗，在布放缆线时都不得将地线与馈线、光缆、GPS 线同一孔洞布放。

（2）活动机房材质要求。

①所选用的板块材料应满足耐冲击、抗老化、无毒、阻燃要求。

②板块搭接部分钢板用拉式铆钉连接，屋面板、墙板两板接缝处都采用企口式。

③墙体与基础连接，板块置于地槽铝内，用膨胀螺栓固定基础，地槽与墙板用拉式铆钉锚固。

④屋面结构：用厚 2 mm 镀锌喷塑连接，屋面墙体用厚 0.475 mm 彩钢拉铆钉或自攻螺栓连接，接缝处打密封胶，并用压缝条遮盖。

⑤位于铁塔包围下的活动机房屋顶需采用双层结构。

⑥墙面、顶棚面面层材料：单层 0.475 mm 热镀锌彩钢板，要求正规钢铁厂的质量合格产品（必须提供原厂的材质证明），含锌量≥180 g/m²。漆：两涂两烘聚酯漆。夹心材料：聚苯乙烯夹心保温板。

⑦墙体厚度≥100 mm。

⑧活动机房外部彩钢板色调采用蓝灰色，局部可采用体现中国电信行业特色的蓝色装饰线条，其蓝色的色相应与《中国电信 VI 企业视觉识别系统》中规定的颜色一致。活动机房门上应设置电信企业铭牌，铭牌材料采用磨砂不锈钢制作。

（3）机房防水防潮。

①新建机房基座周围必须修建排水沟，同时基座水平高度应高于房屋四周，保持排水沟畅通。

②新建机房屋顶必须做好屋面"找坡"和防水层，屋顶排水用 PVC 管，将雨水引离机房墙体。

③机房地面应进行防潮处理。

④活动机房应具有良好的保温隔热性能。

⑤活动机房应具有良好的防火性能，满足消防防火要求。

⑥活动机房要求良好的防尘性能。由彩色钢板制造而成的房体板块能够耐各种酸、碱类化学药品的腐蚀。所采用的钢材均经过热镀锌防锈处理，保证房体面板无生锈。

（4）机房环境要求。

①机房装修要求参见机房装修标准。

②活动机房馈线窗根据设计要求开设。

（5）其他要求。

①机房交流引入参照《电源及防雷接地》的相关条款执行。

②新建机房设备正面朝向开门方向。

③活动机房在修建时应根据机房设备安装设计预留馈线窗洞、机房地线引入孔、光缆引入孔、空调孔、预埋机房交流引入管道，馈线窗洞应高出室内走线架 100 mm，所有窗、孔必须用防火泥封堵。

④活动机房走线架安装要求参见走线架安装标准。

⑤活动机房接地铜排规格是 400 mm×80 mm×8 mm，材料是铜镀锡（黄铜）。室内室外各安装一块。其中室内保护接地排接地电缆连接孔洞数量不少于 20 个，室外防雷接地排接地电缆连接孔洞数量不少于 15 个。

⑥活动机房的标准配置需满足表 5－1 所示活动机房标准配置要求。

表 5－1　活动机房标准配置

序号	规格名称	单位	数量	备注
1	防盗安全门	扇	1	高 2 米，宽 0.8 米
2	墙体与门过渡框	套	1	
3	顶板封框	套	1	
4	电镀、喷塑角铁件	套	1	
5	40 W 日光灯	套	2	
6	机房用配套辅助材料	套	1	
7	400 mm×80 mm×8 mm 的铜镀锡接地铜排	块	2	
8	400 mm 不锈钢 T 形走线架	套	1	标准长为 14 米

序号	规格名称	单位	数量	备注
9	电源走线槽板	套	1	
10	二脚、三脚电源插座	只	1	
11	机房接地装置	套	1	
12	18孔（7/8英寸内径）馈线窗	付	1	
13	防滑地砖	套	1	
14	配电箱	套	1	
15	机房高度	米	2.8	

6. **围墙**

（1）野外独立机房原则上应搭建围墙，围墙高度应不低于2.5 m，规格为24墙、37柱，柱间距离小于3 m；围墙采用M7.5水泥砂浆砌筑，双面原浆勾平缝，外墙抹灰。围墙应做到牢固，顶置碎玻璃。

（2）围墙不得建筑在机房或铁塔基础的回填土上。

（3）围墙要求尽可能小，如果是土建机房，则尽量利用机房的2~3面墙做围墙。

（4）围墙距铁塔塔角距离不得低于3 m，距活动机房外墙距离不得低于1 m。

（5）围墙基础可因地制宜采用石块或片石砌筑，其制作可参见图5—4。

（6）围墙基础深入持力层不小于500 mm。

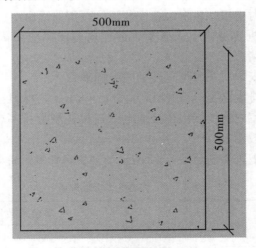

图5—4　围墙基础

7. **其他**

（1）排水沟。

①新建机房应修建排水沟，排水沟分别在围墙内外各一条。

②排水沟结构剖面如图5—5所示。

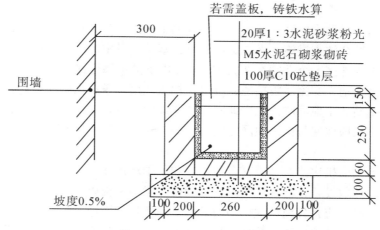

图 5-5　排水沟结构剖面图

（2）堡坎要求。

挡土墙小于 4 m。

①墙身及基础 M5 水泥砂浆砌 MU30 毛石。

②外露面用 M7.5 砂浆勾缝。

③尽可能选用较大的和表面较平的毛石砌筑，其最小厚度为 200 mm。

④每隔 10～20 m 设缝宽 20～30 mm 伸缩缝，内填塞沥青麻筋或有弹性的防水材料，沿内外顶三方填塞，深度不小于 150 mm。

⑤堡坎需设泄水孔。孔的尺寸为 100 mm×150 mm。孔眼水平间距 2～3 m，竖直间距 1～2 m，上下左右交错设置。泄水口设反滤层（透水性材料），最低泄水孔下部夯填至少 300 mm 厚的黏土隔水层。

⑥挡土墙大于 4 m 应根据 04J008 挡土墙图集做专业设计。

5.2　基站防雷与接地

5.2.1　总体要求

（1）移动基站遭受的损失 80％是因为雷电侵入造成的。因此，基站建设中必须进行有效的防雷、接地处理。

（2）移动基站防雷与接地工程应本着综合治理、全方位系统防护原则，统筹设计、统筹施工，设计、施工公司应具有省级以上防雷中心颁发的防雷设计许可证及防雷工程施工许可证，并能提供完善的技术支持。

（3）移动基站的防雷与接地工程设计中采用的防雷产品应具有理论依据，经实践证明行之有效，并经部级主管部门鉴定合格，且要求有良好的售后服务保障。

5.2.2　机房地网

（1）根据新建基站点的地质情况，结合铁塔设计的地线部分共同完成机房、铁塔地网的勘察设计，对需要做延伸式地线的基站，还应标明延伸线的走向、埋设深度等。延伸式地线的长度原则上不得超过 30 m。

（2）新建基站必须采取联合接地、站内等电位连接、馈线接地分流、雷电过电压保护和直击雷防护的综合防雷措施。必须提示的是：基站建设中的联合接地是指铁塔地网、机房地网、交流引入地网三个地网在地表 700 mm 以下的可靠连接形成一个联合接地体，不是将铁塔的防雷接地、交流防雷接地、机房保护接地用一条扁钢接在一起。

（3）移动基站的主地网应由机房地网、铁塔地网组成，或由机房地网、铁塔地网和变压器地网组成。铁塔地网与机房地网之间可每隔 3～5 m 相互焊接连通一次，且连接点不应少于两点。

（4）机房地网由机房建筑基础（含地桩）和外围环形接地体组成。环形接地体应沿机房建筑物散水点外敷设，并与机房建筑物基础横竖梁内两根以上主钢筋焊接连通。机房建筑物基础有地桩时，应将各地桩主钢筋与环形接地体焊接连通。

（5）新建机房的接地系统与基础工程同时施工，应预先将接地系统埋设在基础旁，地线引上部分预留在外。

（6）铁塔地网应采用 40 mm×4 mm 的热镀锌扁钢，将铁塔四个塔脚地基内的金属构件焊接连通，铁塔地网的网格尺寸不应大于 3 m×3 m。

（7）铁塔位于机房旁边时，应采用 40 mm×4 mm 的热镀锌扁钢在地下将铁塔地网与机房外环形接地体焊接连通。机房被包围在铁塔四脚内时（原则上不采用），铁塔地网与机房的基础地网应联为一体，外设环形接地体应在铁塔地网外敷设，并与铁塔地网多点焊接连通。

（8）专用电力变压器设置在机房外，且距机房地网边缘 30 m 以内时，应用水平接地体与地网焊接连通。距离地网边缘大于 30 m 时，可不与地网连通。

（9）使用活动机房的移动基站，机房的金属框架必须就近做接地处理。

（10）在地线施工过程中，在土方回填之前，必须由建设单位和监理单位派人进行仔细检查，签字认可后才能回填。

（11）接地引入线与地网的连接点宜避开避雷针的雷电引下线及铁塔塔脚。接地引入线出土部位应有防机械损伤和绝缘防腐的措施。

（12）接地埋设点至机房联合地排和室外防雷地排部分宜选用 40 mm×4 mm 的热镀锌扁钢以焊接的形式引至铜排下方，再用 95 mm² 以上多股铜芯电缆连接到铜排，多股铜芯线要尽量短；或直接采用多股铜芯电缆连接，电缆线径宜用 95 mm² 以上，自接地引接点至铜排位置。接地埋设点至交流防雷器接地引入点宜选用 40 mm×4 mm 的热镀锌扁钢以焊接的形式引至交流防雷器对应的室外墙上。引接长度不得超过 30 m。防雷地的引接点应距离工作地、保护地的引接点 5 m 以上。

（13）新建基站联合接地网的接地电阻值必须小于 10 Ω，且需做站内等电位连接。

（14）机房大楼综合地网不能引接的，应单独埋设地线。在楼底分别引接防雷地、保护地、交流防雷地，防雷地与保护地、交流防雷地的间距应在 5 m 以上。

（15）接地体埋深宜不小于 0.7 m（接地体上端距地面的距离）。在严寒地区，接地体应埋设在冻土层以下。

（16）新埋设地线水平接地体宜采用 40 mm×4 mm 热镀锌钢材，垂直接地体宜采用长度为 2m 的热镀锌钢材、铜材、铜包钢或其他新型的接地体。新设地线应采用环型地网，受施工场地限制，不能设置环型地网的可设置延伸式地线。各接地体间距 3 m 以上。地网各焊接点应当牢固、良好，焊接处及引出连接扁钢应采用沥青或沥青漆等做防腐处理。所有露于外面的连接处、螺丝均应做防腐涂覆处理。

（17）接地体之间的所有连接，必须使用焊接。焊点均应做防腐处理，浇灌在混凝土中的除外。

（18）接地体扁钢搭接处的焊接长度，应为宽边的 2 倍；采用圆钢时应为其直径的 10 倍。

（19）活动机房正对铁塔方向的墙外侧预留接地引入点（馈线孔正下方），机房内在馈线孔对面墙外侧预留接地引入点，室内联合地排下方预留接地引入点。预留接地引入点位置可根据机房、铁塔布局调整。

5.2.3　铁塔的防雷与接地

（1）应有完善的防直击雷及二次感应雷的防雷装置。

（2）位置处在航空、航道上的基站铁塔，需安装塔灯，其余基站铁塔不需安装塔灯。塔灯宜采用太阳能塔灯。对于使用交流电馈电的航空标志灯，其电源线应采用具有金属外护层的电缆，电缆的金属外护层应在塔顶及进机房入口处的外侧就近接地。塔灯控制线及电源线的每根相线均应在机房入口处分别对地加装避雷器，零线应直接接地。

（3）根据新建基站点的地质情况，结合铁塔设计的地线部分共同完成机房、铁塔地网的勘察设计，对需要做延伸式地线的基站，还应标明延伸线的走向、埋设深度等。

（4）接地系统均采用联合接地，按均压、等电位的原理，将工作地、保护地、防雷地组成一个联合接地网，机房地网应与铁塔地网连接，铁塔地网与机房地网之间应每隔 3~5 m 在地下相互焊接联通一次，连接点不应少于两点。

（5）新建自立式落地铁塔和新建机房的接地系统与基础工程同时施工，应预先将接地系统埋设在基础旁，地线引上部分预留在外（铁塔在基础对角预留两处地线引上扁钢）。

（6）地线施工过程中，在土方回填之前，必须由建设单位和监理单位派人进行仔细检查，签字认可后才能回填。

（7）当铁塔位于房顶时，铁塔四脚应与楼顶避雷带就近且不少于两处焊接联通，房顶升高架、竖杆、室外走线架也应与楼顶避雷带焊接联通至少两处。严禁在塔身主材上进行焊接。

5.2.4　移动基站的防雷系统

1. 综合地网

（1）市区租用机房的综合地网在做交流引入时一并完成。如果租用房屋原来的建筑地网符合机房要求，可合理利用原建筑地网。

（2）接地系统均采用联合接地，按均压、等电位的原理，将工作地、保护地、防雷地组成一个联合接地网。

（3）机房大楼综合地网不能引接的，应单独埋设地线。在楼底分别引接防雷地、保护地、交流防雷地，防雷地与保护地、交流防雷地的间距应在 5 m 以上。

（4）新建基站联合接地网的接地电阻值必须小于 10 Ω。

（5）基站接地必须分为室内部分和室外部分，严禁室内、外地线混接（由室外引接到室内）。基站机房一般设一个室内保护接地排，靠近馈线窗设一个室外防雷接地排，靠近交流引入孔设一个室外交流引入防雷接地点。

（6）新做的地网必须与原大楼地网联通，且联通节点不少于两个。

2. 供电系统的防雷接地

（1）一个交流供电系统的防雷不得少于三级防雷。

（2）电力线应穿钢管埋地引入基站机房内，电力电缆金属护套或钢管两端应就近可靠接地，接地电阻值小于 10 Ω。电力电缆与架空电力线路接口处的三根相线要加装一组氧化锌避雷器。

（3）电力变压器设在站外时，变压器应距离机房 3 m 以上，并且变压器要做好接地，保护地与零线地应严格分开，决不能混做。地线埋深在 3 m 以上，地阻在 10 Ω 以下。

（4）基站内通信电源防雷保护系统按 B 级防雷标准确定，主要分为三级结构，其设备点及避雷器的主要性能要求为：第一级，在低压电力电缆引入机房处就近装置避雷器；第二级，在站内供电设备（如组合电源）交流进线开关后装置避雷器；第三级，在电源出线端处装置压敏电阻。第一级避雷器输出应就近接入交流配电箱的输入端。避雷器、交流配电箱机壳应就近接入保护地。防雷器交流接线及地线应尽可能短、直，且要穿管。防雷器必须并接在电路中，严禁串接，防雷器接线材料为阻燃铜芯线，线径不得小于 16 mm²。第二级的开关电源 C 级防雷若安装在交流引入进线处，则必须改接至开关电源内空气开关后。站内外避雷器耐雷电冲击参数应符合相关标准，第一、二级之间距离过短时应设置退耦器。

（5）基站供电设备正常不带电的金属部分、避雷器的接地端，均应做保护接地，严禁做接零保护。

（6）基站电源设备应满足相关标准、规范中关于耐雷电冲击指标的规定，交流屏、整流器（或高频开关电源）应设有分级防护装置。

（7）电源避雷器和天馈线避雷器的耐雷电冲击指标等参数应符合相关标准、规范的规定。

3. 室外天馈系统防雷接地

（1）基站天线应在铁塔或天线支撑杆避雷针的 45 度角保护范围内，铁塔避雷针必须单独用扁钢引接（焊接方式）入地，材料应选用 40 mm×4 mm 热浸镀锌扁钢。

（2）屋顶天线支撑杆、室外走线架必须就近良好接入避雷带（避雷带自身的接地电阻应符合规范要求）。

（3）馈线应在铁塔上部和下部（离开铁塔前）、进入馈线窗处分别做一次接地，在进馈线窗前应接到防雷地排上。若馈线在铁塔上长度超过 60 m，需在铁塔中部再做一次接地。铁塔上需在馈线接地处分别设置接地排，供馈线接地用。

（4）馈线在屋顶升高架、桅杆、支撑杆布放时，应在天线处、进入馈线窗处分别做一次接地。

（5）其他各专业的信号、电源线出入基站或在布线间隔等方面达不到规定要求时，应采用金属管屏蔽或在端口设置避雷器的方式进行保护。

4. 室内设备的防雷接地

（1）机房内所有设备均需要可靠接地，接地电阻要求小于 10 Ω。

（2）机房内工作接地排、保护接地排通过多股铜芯电缆与大楼底部建筑地网引出扁钢连接。

（3）机房外防雷接地排通过多股铜芯电缆与大楼底部建筑地网引出扁钢连接。条件具备的情况下可以从机房同层的建筑地网上引接多股铜芯电缆至机房外防雷接地排。

（4）机房内工作地、保护地及机房外防雷地必须严格分开，严禁室内外地线混接（由室外引接到室内）。室外防雷地与工作保护地引接点的位置应大于 5 m。

（5）若大楼底部没有建筑地网引出扁钢，则需要新建地网。

（6）对于利用商品房做机房的，应尽量找出建筑防雷接地网或其他专用地网，并就近再设一组地网，三者相互在地下焊接连通，有困难时也可在地面上可见部分焊接成一体作为机房地网。找不到原有地网时，应因地制宜就近设一组地网作为机房工作地、保护地和铁塔防雷地，但工作地及防雷地在地网上的引接点相互距离不宜小于 5 m，铁塔应与建筑物避雷带就近两处以上连通。

5. 信号线路的防雷与接地

（1）进局光缆的金属加强芯和金属护层应在分线盒或 ODF 架内可靠连通，并与机架绝缘后使用截面积不小于 16 mm² 的多股铜线，引至本机房内第一级接地汇流排（或汇集线）上。

（2）出入室外型无线基站的缆线（信号线、电源线）应选用具有金属护套的电缆，或将缆线穿入金属管内布放，电缆金属护层或金属管应与接地汇集排或基站金属支架进行可靠的电气连接。

（3）电缆空余线对必须进行接地处理。

（4）线缆严禁系挂在避雷网或避雷带上。

6. 其他设施的防雷接地

（1）基站的建筑物应有完善的防直击雷及抑制二次感应雷的防雷装置（地网、避雷带和接闪器等）。

（2）机房顶部的各种金属设施，均应分别与屋顶避雷带就近连通。

（3）机房室内走线架、吊挂铁架、机架或机壳、金属通风管道、金属门窗等均应做保护接地。保护接地引线一般宜采用截面积不小于 16 mm² 的多股铜导线。

（4）室内走线架必须全部用多股铜芯线连通，多股铜芯线截面积不小于 35 mm²。

5.3　铁塔及基础建筑

5.3.1　总体要求

（1）自立式铁塔的抗地震能力为高于当地烈度 1 度，使用年限大于 50 年。

（2）铁塔结构的安全等级为二级。

（3）制造通信铁塔的厂家应当按施工图的规定和铁塔制造相关标准、采购合同的约定制造铁塔。

（4）制造各类铁塔、金属结构件的材料应符合有关标准的要求，并附有材质证明书，同时符合设计文件要求。

（5）铁塔基础建筑质量必须符合设计和《塔桅钢结构工程施工质量验收规范》（CECS80—2006）要求。

5.3.2 铁塔升高架要求

1. 铁塔建设的基本要求

（1）在铁塔设计文件中必须附有当地的地质、气象资料。

（2）所有铁塔设计、施工前必须委托有资质的地勘单位进行地勘，并提供地勘报告交铁塔设计部门，作为设计依据。地堪不得少于2孔，深度不得少于8 m。

（3）铁塔结构所承受的风荷载计算应按现行国家标准《建筑结构荷载规范》（GB 50009—2001)的规定执行，基本风压按50年一遇采用，但基本风压不得小于0.35 kN/m^2。

（4）铁塔应安装通向天线维护平台带护圈的直爬梯，爬梯应固定稳固，不得出现摇晃和松动。

（5）铁塔尺寸必须严格按照设计来制作及安装，出厂前需要进行试组装。

2. 铁塔升高架规格

（1）8 m以下的铁塔使用天线抱杆支撑杆。

（2）8～12 m的铁塔使用桅杆塔，并配备必要的钢制柔性拉线，使其牢固。

（3）12～15 m的铁塔宜使用边宽为3 m的升高架（根开为3 m的组合抱杆，杆身截面宜为三角形，结构边宽500 mm)，并配备必要的钢制柔性拉线，使其牢固。

（4）15～25m的铁塔宜使用边宽为4 m升高架（根开为4 m的组合抱杆），并配备必要的钢制柔性拉线，使其牢固。

（5）25 m以上的铁塔必须使用自立铁塔，天线维护平台采用正六边形结构。

（6）所有自立式铁塔的天线维护平台在建设上应按两层设置，第一层平台在铁塔塔高垂直下方2 m位置处；第二层平台在第一层平台垂直下方5 m处，平台外栏高1.1 m。各层设6副2.5 m高的天线抱杆。每层平台按设置6副定向天线（天线迎风面0.6 m×2 m)设计。铁塔平台形状及尺寸可参见图5-6。

（7）当铁塔高度大于40 m时，宜在中间增设休息平台。

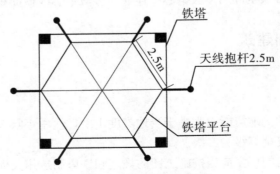

图5-6　铁塔平台示意图

5.3.3　铁塔建设流程

（1）铁塔建设必须委托具备相应资质的地质勘察、设计、监理、施工等单位进行。

（2）铁塔设计单位按照勘察纪要和地质勘察报告进行铁塔工程设计（包括铁塔基础设计）。如在原有楼房顶建塔，还需要委托相应的建筑设计单位对房屋荷载进行核算、鉴定。若不符合建塔要求，应由建筑设计单位出具整改设计方案进行整改。

（3）铁塔建设流程。

铁塔建设流程如图 5-7 所示。

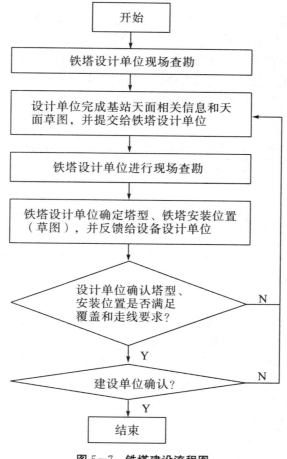

图 5-7　铁塔建设流程图

（4）铁塔设计完成后，由建设单位组织地质勘察、设计、监理、施工等相关单位对铁塔设计图纸进行会审。

（5）铁塔设计会审通过，在基础施工过程中，监理单位负责对所用材料的材质、基础隐蔽工程、制作工艺质量是否符合设计要求进行核查，建设单位进行抽查；对铁塔基础隐蔽工程要组织验收。验收报告要有施工、监理、建设单位随工代表签字。验收报告一式四份，由设计、施工、监理、建设单位各持一份。

（6）铁塔基础施工完成后，由建设单位通知铁塔施工单位组织塔件运抵施工现场，监理单位负责对塔材规格、材质和其表面防腐制作工艺情况进行检查，合格后进行铁塔安装。

5.3.4 铁塔基础质量要求

（1）铁塔基础施工应根据建设单位确定的征地范围平整场地，根据施工图进行准确的定位放线，并确定±0.000相应的绝对标高，特殊位置应判断铁塔和机房地形摆布位置的安全性和可行性。

（2）根据放线要求和施工图规定进行基础人工开挖，开挖时若遇坚硬岩石，严禁采用爆破方法进行施工。

（3）基础开挖必须有施工单位的技术督导现场监督，及时核对当地的实际地质条件与地勘结果，若有偏差，需立即通知设计单位，对设计进行复核和变更。

（4）基坑（槽）开挖至设计要求深度，并预留相应的管道孔位后，由建设、铁塔设计、地勘、监理等有关人员进行现场验槽，经检验合格后应及时一次性浇筑砼垫层封闭地基，若有疑问或不符合要求应及时处理整改。土方工程外形尺寸的允许偏差和检验方法如表5-2所示。

表5-2　土方工程外形尺寸的允许偏差和检验方法

允许偏差项目	允许偏差（mm）	检验方法
标高	+0 −50	用水准仪检查
长度、宽度（由设计中心线向两边量）	−0	用经纬仪、拉线和尺量检查

（5）基础砼和钢材工程。

①基础用材料。

A. 水泥：宜用经建设单位选定的大厂水泥，进场水泥必须在保质期内，具有合格证，若对质量有疑问时，还应按质量标准进行抽检复验。

B. 钢材：进场钢材必须具有出厂质量证明书并加盖销售红章和试验报告，并按检查标准进行抽样送检（进场一批抽验一批），合格后方能使用。

C. 模板：模板必须牢固，具有一定强度、刚度和稳定性，其支架的支承部分必须有足够的支承面积。接缝应严密不漏浆，砼浇筑前应将木模板浇水湿润，钢模板应刷隔离剂。模板内杂物泥土等应清理干净。

②钢材表面清洁：材料表面必须清洁除锈。带有颗粒状或片状老锈，经除锈后仍留有麻点的钢材严禁按原规格使用。

③施工注意事项：砼浇筑前宜按设计标号进行试配，试配合格后施工单位技术人员应根据现场材料出具配合比通知单；钢筋在下料、成型等加工时，应自行检验，如发生脆断、焊接性能不良或力学性能不正常等现象，应立即停止加工，并取样对该批钢材进行化学成分分析。

④钢材的规格、形状、尺寸、数量、间距、锚固长度、接头设置必须符合设计要求和施工规范的规定。钢筋焊接接头、焊接制品的机械性能必须符合《钢筋焊接及验收规范》。

钢筋绑扎和保护层厚度必须满足设计要求。

⑤钢材、钢筋规格品种不齐需代换时，应先经设计单位同意和验算后方可进行代换，并及时办理技术核定单，所有加工钢材尺寸必须满足设计图纸和施工验收规范的要求。焊接、绑扎完毕应及时通知有关人员现场检查合格认可后，方能进行下道工序砼的浇筑施工。

模板安装和预埋件、预留孔洞的允许偏差和检验方法如表 5-3 所示，钢筋安装及预埋件位置的允许偏差和检验方法如表 5-4 所示。

表 5-3　模板安装和预埋件、预留孔洞的允许偏差和检验方法

允许偏差项目	允许偏差（mm）	检验方法
轴线位移	5	尺量检查
标高	+5 -0	用水准仪或拉线和尺量检查
基础截面尺寸	±10	尺量检查
柱、梁截面尺寸	+4 -5	尺量检查
垂直度	3	用 2 m 托线板检查
相邻两柱表面高低差	2	用直尺和水准仪检查
预埋螺栓中心线位移	2	拉线和尺量检查
预埋螺栓外露长度	+10 -0	拉线和尺量检查

表 5-4　钢筋安装及预埋件位置的允许偏差和检验方法

允许偏差项目	允许偏差（mm）	检验方法
受力钢筋间距	±10	尺量两端、中间各一点取其最大值
箍筋、构造筋间距	±10	尺量连续三挡取其最大值
焊接预埋件中心线位移	3	尺量检查
焊接预埋件水平高差	+3 -0	尺量检查
基础受力钢筋保护层	±10	尺量检查
梁柱受力钢筋保护层	±5	尺量检查

⑥砼浇筑：砼必须采用台秤按配合比配料搅拌均匀，人工搅拌时必须干三遍、湿三遍，及时浇砼。砼搅拌后 45 秒内运输到施工部位，浇筑时必须按规定振捣密实，一次性浇砼成形，并现场见证取样做试块两组，一组 7 天后试压作为铁塔安装砼强度的测算依据，另一组 28 天试压作为工程技术资料存档。

⑦砼养护：砼浇筑完毕后12小时，待砼终凝后即应开始浇水养护，冬季施工时还应按规定对砼进行覆盖并加热水养护，养护时间不得少于7昼夜，养护期应保持砼表面足够湿润。

⑧浇筑砼前特别要注意按《钢结构工程施工及验收规范》（GB 50205—95）的有关要求校核地脚螺栓的水平标高、间距尺寸和对角线尺寸，浇筑中还须派专人跟随值班，随时校核修正。

⑨基础砼浇筑完工后，由建设单位随工代表、土建施工单位、安装施工单位、监理单位进行联合验收，必须取得基础验收的合格资料（塔脚跨距、对角线尺寸和水平标高等）。基础验收按《建筑地基基础工程施工质量验收规范》（GB 50202—2002）的规定进行。

5.3.5　铁塔制作

（1）铁塔塔体制作必须严格按设计图纸和有关规范进行。

（2）符合铁塔生产中材料的要求。

（3）符合铁塔制作要求。

铁塔钢构件允许偏差和检验方法如表5-5所示。

表5-5　铁塔钢构件允许偏差和检验方法

允许偏差项目	允许偏差（mm）	检验方法
杆件长度	±3	用钢尺检查
塔身总高度	±7	用钢尺检查
杆件截面几何尺寸	±3	用钢尺检查
柱脚螺栓孔对柱中心线偏移	1.5	用钢尺检查
同组螺栓相邻两孔距	±1	用钢尺检查
同组螺栓任意两孔距	±1.5	用钢尺检查
构件挠曲矢高	2L/1 000 且不大于10	用拉线和钢尺检查

注：L 为构件长度。

5.3.6　基础建筑

1. 施工准备

（1）技术准备。

准备铁塔基础工程施工图及其他相关技术资料，进行实地调查和勘测。按照合同工期，编制土建工程施工组织方案和施工作业计划书。对内做好现场施工人员及相关配合人员的组织安排工作，并进行安全、技术交底，做到各负其责、相互协调，保证施工的顺利有序进行。施工人员在工程现场与建设单位代表、现场监理共同确认《工程设计文件》是否需改动；若需改动，施工人员立即向项目管理人员反馈，等项目管理人员与建设单位、设计单位、监理单位协商后给出处理意见，再进行相应的更改。

（2）物资准备。

施工单位的质量负责人、现场监理工程师，应对工程中使用的砂、水泥、碎石、钢材、钢筋、焊条、机房用砖等所有材料、成品、半成品或设备进行质量检查，所有物品都必须符合设计要求，并附有检验报告、出厂合格证等有效证明，不合格的材料不准进入施工场地。

（3）施工现场准备。

清除障碍物，修建临时设施，同时还应做好现场供水、供电，以及施工机具和材料等准备工作。

2. 基础建筑施工方案

（1）定位放线。

根据各基站的具体情况（地势、环境等）进行基础的定位划线。定位划线时，首先应进行建筑定位和标高测试，然后根据基础的底面尺寸、埋置深度、土质好坏等不同情况，考虑施工需要，从而定出挖土边线和进行划线工作。在地上画出灰线，标出基础挖土的界线。

在基础坑开挖前，从设计图上查对基础的纵横轴线编号和基础施工详图，用经纬仪测定基础中心线的端点，同时在每个柱基中心线上，测定基础定位桩，每个基础的中心线上设置四个定位木桩，桩位离基础开挖线的距离为 0.5～1.0 m。若基础之间的距离不大，可每隔一个或几个基础打一个定位桩，桩顶钉上铁钉作为标志，然后按施工图的柱基尺寸和已经确定的挖土边线尺寸，放出基坑上口挖土灰线，标出挖土范围。

铁塔基础定位，必须满足设计和规范要求。拟建地面塔的站点距离电力线路、通信线路、加油站、加气站、铁路和其他危险、重要设施的水平距离宜不小于地面塔高的 1.3 倍。监理人员应现场测试并记录铁塔基础定位的安全距离是否符合要求。

（2）基础坑（槽）开挖。

基础坑（槽）的开挖有人工开挖和机械开挖两种形式。如果土石方工程的工程量大，劳动强度大，施工工期长，难以满足进度的需要，而这些站点在土方开挖、运输、填筑与压实等方面具备机械施工条件的，应采用机械施工，以减轻繁重的体力劳动，加快施工进度。如果施工机械不能到达施工现场的，采用人工开挖。

开挖基坑（槽）应按规定的尺寸合理确定开挖顺序和分层开挖深度，连续进行施工，尽快完成。因土方开挖施工要求断面、标高准确，土体应有足够的强度和稳定性，所以在开挖过程中要随时注意检查。

挖出的土除预留一部分用作回填外，不得在场地内任意堆放，应把多余的土运到弃土地区，以免妨碍施工。为防止坑壁滑坍，根据土质情况及坑的深度，在坑顶地面 1 m 内不得堆放弃土，在此距离范围外堆土高度不得超过 1.5 m。

坑（槽）施工过程中，地面必须设专人配合，并随时监护坑（槽）内施工人员动态和安全。

基础坑（槽）施工完成，施工单位进行自检并合格后，报监理工程师进行现场检验。经监理工程师检验合格后，再进行下道工序。

（3）打垫层，浇筑砼基础。

基坑挖好后，为避免雨水浸泡，要立即做垫层或浇筑基础。垫层为 C10 混凝土。如果坑（槽）被雨水浸泡，必须先抽干积水，清除淤泥后，才能进行垫层浇筑或基础浇筑。

（4）材料的选择。

泵送砼的配合比应经试配而得。砼的各项原材料要满足相应的国家现行标准的规定。砼采用 $5\sim31.5$ mm 连续级配的碎石，针片状含量不宜大于 10%。砂采用中砂。水泥用普通硅酸盐水泥或建设单位指定用水泥，并满足泵送砼水泥的最小用量宜为 300 kg/m³。砂率以 $38\%\sim45\%$ 为宜，并掺入适量的减水剂及掺和料增加砼的和易性及可泵性，满足砼的质量要求及施工要求，试配的砼坍落度为 $100\sim140$ mm。

根据设计要求进行基础砼配比，在基础建筑中进行混凝土浇灌前，应按规定制作试压块送质量检测机构检验，并将检测报告留存做工程档案。

基站机房基础、铁塔基础建筑用混凝土配合比参照表 5-6 执行。

表 5-6　混凝土配合比表（32.5 水泥）

型号	水灰比	材料	水泥	中粗沙	石子	水
C10	混凝土施工配合比（水灰比：0.64）	配合比	1	2.49	5.54	0.64
		每立方砼用料（kg）	250	623	1 386	161
		每盘砼用料（kg）	50	124.6	277.2	32.2
C15	混凝土施工配合比（水灰比：0.57）	配合比	1	2.07	4.41	0.57
		每立方砼用料（kg）	298	618	1 314	170
		每盘砼用料（kg）	50	103.5	220.5	28.5
C20	混凝土施工配合比（水灰比：0.47）	配合比	1	1.62	3.61	0.47
		每立方砼用料（kg）	361	586	1 303	170
		每盘砼用料（kg）	50	81.2	180.5	23.5
C25	混凝土施工配合比（水灰比：0.43）	配合比	1	1.46	2.97	0.43
		每立方砼用料（kg）	410	599	1 216	175
		每盘砼用料（kg）	50	73	148.5	21.5

（5）砼浇筑。

砼浇筑是基础建筑中的隐蔽过程，在砼浇筑前，监理工程师应对基础坑、钢筋笼、模板支设的质量再次进行复查，确认质量合格后，才能进行基础砼浇筑。并且，监理工程师应对基础砼浇筑过程实施旁站监理。

为了保证混凝土浇筑时不产生离析现象，当基础坑深大于 2 m 时，混凝土下料采用帆布导管垂直灌入桩孔内，并连续分层浇筑，每层厚度不超过 1.5 m。当基础坑为扩大头基础时，扩大头部分的砼浇筑振动棒操作工必须下到孔底进行振捣，振动棒布点要均匀，间距不得超过振动棒有效作用半径的 1.5 倍（约 500 mm），每点振捣时间控制在 $20\sim30$ s，以振至混凝土不再沉落，气泡不再排出，表面开始泛浆并基本平坦为止。

①砼基础浇筑前的准备。

A. 砼基础浇筑前先铺 20 cm 碎石垫层。

B. 为便于施工操作，将设计中规定的混凝土标号，按表 5-6 所示混凝土配合比的标准换算为施工配合比，施工中要严格控制配合比，确保砼的质量。

C. 装设模板时，模板要牢固、顺直，尺寸符合设计要求。

D. 浇筑前填写砼浇筑申请单，浇筑时做好浇筑记录，浇筑完后，做好养护工作。

E. 浇筑砼基础分两次浇注，第一次浇筑基础预埋螺栓以下部分，浇注时注意预留管壁厚度及安放管节坐浆砼 2～3 cm，安放管节后再浇注管底以上砼，在浇灌预埋螺栓以上部分时，应随时监测并调整预埋螺栓的位置，确保预埋螺栓位置的准确。要保证新旧砼的结合，以及管基砼与管壁的结合。

②砼的配制。

A. 砼的配制：混凝土的配制所用的材料与性能要选用合适。灌注桩混凝土的粗骨料可先用卵石或碎石，其最大粒径不得大于钢筋净距的 1/3，且不宜大于 70 mm，坍落度要求是 35～50 mm。

B. 在混凝土施工过程中，可掺入一定量的外加剂或混合料，以改善混凝土某些方面的性能。外加剂的质量应符合现行国家标准的要求，外加剂的品质及掺量，必须根据对混凝土性能的要求、施工及气候条件、混凝土所采用的原材料及配合比等因素经试验确定。

③混凝土浇筑的一般规定。

A. 混凝土浇筑前不应发生初凝和离析现象，如已发生，可进行重新搅拌，使混凝土恢复流动性和粘聚性后再进行浇筑。混凝土运至现场后，其坍落度仍应满足设计要求。

B. 为了保证混凝土浇筑时不产生离析现象，混凝土自高处倾落时的自由高度不得超过 2 m。若混凝土自由下落高度超过 2 m，要沿溜槽或串筒下落。

C. 为了使混凝土振捣密实，必须分层浇筑。每层浇筑厚度与捣实方法、结构的配筋情况有关，应符合混凝土施工规范的规定。

D. 混凝土的浇筑工作，应尽量连续作业。如必须间歇，其间歇时间应尽量缩短，并要在前层混凝土凝结（终凝）前，将次层混凝土浇筑完毕。

④混凝土捣实。

混凝土浇入模板后，由于内部骨料之间的摩擦力、水泥砂浆的黏结力、拌和物与模板之间的摩擦力，使混凝土处于不稳定平衡状态。必须采用适当的方法在混凝土初凝之前对其进行捣实，以保证其密实度。混凝土的振捣是一道十分重要的工序，振捣的方法有机械振捣和人工振捣两种。在铁塔基础浇筑中常用人工捣实。

⑤砼养护。

砼养护：混凝土浇捣后，能逐渐凝结硬化，主要是因为水泥水化作用的结果，而水化作用需要适当的湿度和温度。如果气温较高，空气干燥，砼中水分蒸发较快，易出现脱水现象，使已形成凝胶体的水泥颗粒不能充分水化，不能转化为稳定的结晶，缺乏足够的黏结力，另外水分过早的蒸发还会产生较大的收缩变形，出现干缩缝纹，影响砼的整体性和耐久性，故在砼初凝前抹压平整，若表面有浮浆层应凿除，以保证与上部底板的良好连接。浇筑完毕后 12h 内加以覆盖和浇水，保持砼具有足够的湿润状态。

（6）钢筋工程。

①钢筋进场检验。

不合格的钢材不得进入施工现场，已进入现场的钢材，钢筋进场除验收清单中各类钢筋数量外，还必须有出厂合格证及材质证明，并按要求堆码整齐且作好钢筋标识。按规范要求对进场钢筋进行机械性能的抽样检验，检验合格方可使用，不合格钢筋一律退场。

②钢筋加工。

在钢筋下料和制作时应严格按图施工，钢筋的规格、品种和质量必须符合设计要求。

进场钢筋复检及焊接试验合格后，严格按照图纸尺寸下料，一次加工成形。钢筋加工施工现场不准其他行人通过，如果现场狭窄，应做安全防护围栏。

③钢筋绑扎及连接。

A. 钢筋绑扎要求间距准确、绑扎牢固，应保证网眼的尺寸，钢筋的根数、骨架的高度、宽度、长度，受力钢筋的间距、排距、弯起点的位置和钢筋保护层的厚度。避免钢筋移位，并按要求绑扎好钢筋保护层垫块，严格遵照设计及设计变更要求施工。

B. 钢筋连接：竖向钢筋直径≥18 mm 采用电渣压力焊，直径<18 mm 采用冷搭接；水平钢筋采用闪光对焊。钢筋接头或搭接位置必须满足设计及施工规范要求。

C. 钢筋搭接和弯钩尺寸必须按规范规定施工，焊接钢筋应先做同芯后再焊接，焊接完毕后要及时清理焊渣。野外基础建筑，由于用电、焊接机构等条件限制，焊接质量达不到要求，原则上不允许现场焊接。

（7）支模工程。

①模板选型。

A. 铁塔基础工程原则上选择钢制模板，也可选用 18 厚胶合板（规格为 1 830 mm×915 mm）；背枋选用 5 cm×10 cm 木枋，背枋间距 300 mm。

B. 模板加固采用直径 12 对拉螺杆，间距 500～600 mm。梁净跨>4 m 时，模板按跨度的 1‰～3‰起拱。

C. 柱模板加固采用钢管套箍，套箍间距 400～600 mm。

D. 筒体构件模板选用三角筒子模以确保筒体构件的平面尺寸及垂直度，标准层模板选用定型大模板，减少拼装时间，加快施工进程。

②模板的修整。

模板缝用胶布进行贴封，每次拆模后都要将模板面带下的残渣清理干净，多余或废旧的模板要及时运走，损坏了的定型模板应及时修整并补充。要保证模板不漏浆、不爆模、不变形。

③支模和振捣。

A. 一般采用钢模和木模配合。支模时，严禁轴线位移，保证模板的几何尺寸。模板的接缝要严密，模板的接接不得超过规定标准，支模时一定要保证模板的刚度和稳定性。模板的隔离剂涂刷时不得过多或过少，保证砼在拆模时不粘模，保证砼表面光洁度。

B. 在砼浇筑时现场应有模板工配合，保证砼的截面尺寸。

C. 浇筑前应检查和保养好设备，保证设备正常运转，搅拌机必须有专人操作，专人负责，由技术人员进行砼施工配合比的技术交底，严格按配合比施工，任何人不得私自更改。

D. 砼浇筑前必须清理完钢筋和模板中的杂物，否则不予浇筑，砼振捣必须有专人，不得漏振，振捣的间距应按规定标准，不得过大。

E. 砼浇筑时，木工、钢筋工应现场看管，保证模板的平整度、钢筋的间距和保护层的厚度。

（8）接地体及地脚螺栓安装。

①接地体。

A. 接地体埋深一般不小于 0.7 m。在寒冷地区，接地体应埋设在冻土层以下。在工程实施中应根据地质情况按设计规定埋设接地体。

B. 对于大地土壤电阻率高的地区，当一般做法的联合接地体的接地电阻难以满足要求时，可以采取向外延伸接地体、改良土壤、深埋电极以及外引等方式，原则上不得使用降阻剂。采用延伸式接地时，接地线的长度原则上不得超过 30 m。

C. 接地系统中的垂直接地体，宜采用长度不小于 2.5 m 的镀锌钢材、硅酸盐水泥混凝土包封电极或石墨电极等。

D. 接地体之间的所有焊接点（浇灌在混凝土中的除外），均应进行防腐处理。

E. 接地体应避免埋设在污水排放和土壤腐蚀性强的区段。当难以避开时，其接地体截面应适当增大。也可选用石墨电极、混凝土包封电极或其他新型材料。

②接地线和接地引入线。

A. 接地线宜短、直，截面积为 35~95 mm²，材料为多股铜线。

B. 接地引入线长度不宜超过 30 m，其材料为镀锌扁钢，截面积不宜小于 40 mm×4 mm或不小于 95 mm²的多股铜线。接地引入线应作绝缘防腐处理，并不得在暖气地沟内布放，埋地时应避开污水管道和水沟，裸露在地面上部分应有防止机械操作的措施。

C. 直流电源接地线截面积应根据直流供电回路允许压降确定。

D. 各类设备保护接地线的截面积，应根据最大故障电流值确定。一般宜选用导线截面为 35~95 mm²的多股铜导线。

E. 接地线两端的连接点应确保电气接触良好，并应作防腐处理。

F. 严禁在接地线中、交流中性线中加装开关或熔断器。

G. 严禁利用其他设备作为接地线电气连通的组成部分。

H. 由接地汇集排引出的设备接地线应设明显标识。

③安放地脚螺栓。

A. 地脚螺栓的检查。

首先对地脚螺栓进行检查，看其是否有扭曲变形，若有，要重新校正。焊缝是否有裂纹、断开情况，若有，必须重新补焊，补焊时要符合焊接技术要求。只有符合要求的地脚螺栓方可进行安放。

B. 地脚螺栓的定位。

地脚螺栓定位时要符合施工图纸的要求，地脚螺栓的中心距及对角线的尺寸要反复核实。误差要求不能大于±3 mm。最后，要调平地脚螺栓定位板。

C. 地脚螺栓的固定。

将地脚螺栓与铁塔基础的纵向柱筋焊接，焊接材料为 1 m 的 $\phi 16$ 螺纹钢，要求每个螺栓必须焊接到两根柱筋上，焊接处均围焊、满焊，焊缝长>120 mm。

（9）土方的填筑和夯实。

①填土的要求。

铁塔基础回填土原则上采用原场地土回填，如果基础为石质地质，回填难以夯实的，应当换土回填。回填时，所用的土质必须经监理认可（最大干密度、最佳含水量）。填土应分层进行，并采用同类土填筑。分层厚度为 200 mm。不能将各种土混杂在一起使用，以免填方内形成水囊。

填土必须具有一定的密实度，以避免建筑物的不均匀沉陷。

②填土压实方法。

回填土压实的方法一般有以下几种：碾压、夯实、振动夯实以及利用运土工具压实。铁塔基础回填土压实采用人工振动夯实，压实厚度不得大于 15 cm，每层填土要压实 4 遍。

③塔包房基础的回填与夯实。

塔包房基础坑较深，回填夯实后的基础平面用作机房设备安装。因此，回填土的要求，回填方法，必须严格按照设计规定实施回填。监理工程师应当全程监控施工方法和施工质量，避免今后机房地面沉降导致设备故障。

5.3.7 铁塔安装质量要求

1. 塔体安装的一般要求

（1）铁塔设计文件已通过会审。

（2）铁塔基础已验收。

（3）构件齐全，并有预组装记录。

（4）施工机具齐全，工程技术人员和现场操作人员都到位。

（5）铁塔安装前，监理人员应审定批准承包单位的施工组织设计或施工方案、安全措施。对不符合要求的方案，应责令重新编制或修改。

（6）塔体安装，必须确保结构的稳定性和不致永久性变形。

（7）安装前，应按照构件明细表和安装排列图（或编号）核对进场的构件，查验质量证明书和设计更改文件。并根据预组装的合格记录进行，严禁勉强组装。

（8）检查铁塔根开与基础根开尺寸是否相等。

（9）安装过程中，应随时核实其垂直度，架设完毕的塔体实际轴线与设计轴线偏差不大于塔体高度的 $H/1500$，局部弯曲不大于被测长度的 $h/750$。

（10）质量检查人员必须按照设计文件对铁塔安装做间隙性检查，以保证铁塔各项安装工艺、塔体垂直度和铁塔中心轴线倾斜度符合工程设计要求和铁塔安装的相关规范。

（11）质量检查人员必须按照设计要求对铁塔的高和平台、天线支柱高度和方位等进行检查，以确保符合要求。同时，还要对铁塔的避雷设施进行检验，指标应符合要求。

（12）在抗震设防烈度为 7 度或以上地区，必须按抗震要求对铁塔进行抗震加固。

2. 自立式铁塔安装质量控制

铁塔塔体安装可采用单件单装、扩大拼装和综合安装等方法，有条件的还可以采用整体起板的方法安装。由于野外施工作业条件有限，从安全角度考虑，建议采用单件安装。

（1）采用扩大拼装（单根杆件拼接成组合件进行安装）时，对容易变形的构件，质量技术人员应组织施工队伍做强度和稳定性验算，需要时，应采取加固措施。

（2）采用综合安装时，质量技术人员应查验划分的独立单元是否合理，每一体系（单元）的全部构件安装完毕后，应查验是否具有足够的起吊空间、强度和可靠的稳定性。

（3）塔靴的安装位置应符合施工图设计要求，塔靴与基础顶面应密切贴合，允许间隙≤3 mm，但面积不应超过塔靴底部的 25%；塔靴螺栓孔与基础顶面预埋螺栓中心轴线偏差≤1.5 mm；各个塔靴中心间距应相等，允许偏差≤2.5 mm；四边形塔的对角线应相等，偏差≤3 mm；各个塔靴高度偏差≤1.5 mm。每个塔靴调好水平后应采取临时加固措施，使其承担一个或几个结构单元负载。第一个结构单元安装完毕后，应用经纬仪检验结构安装的准确性和垂直度，符合要求后用钢结构做永久性支撑或在塔靴钢板下填充水泥砂浆。

（4）需要利用已安装好的结构吊装其他构件和设备时，应征得设计单位的同意，并对相关构件做强度和稳定性验算，要采取可靠措施，防止损坏结构。

（5）确定几何位置的主要构件（塔挂、横杆、刚性斜杆等）应安装在设计位置上，在松开吊钩前应初步校正并固定。

（6）每吊完一层构件后，必须按表5-7规定进行检查和校正。

表5-7　整体及单层安装允许偏差

项次	项目	允许偏差
1	塔体垂直度： 整体垂直度 相邻两层垂直偏差	$\leqslant H/1\,500$ $\leqslant h/750$
2	塔柱顶面水平度 法兰顶面相应点水平高差联结板孔距水平高差 （每层断面相邻塔柱之间的水平高差）	$\leqslant \pm 2.00$ mm $\leqslant \pm 1.50$ mm
3	塔楼平台水平度 塔楼梁高差 楼面板高差 工作平台高差	$\leqslant 1/1\,000$ $\leqslant 10$ mm $\leqslant 4$ mm $\leqslant 1/750$
4	塔体截面几何形状公差： 对角线误差（$D \leqslant 4$ m 时） （$D > 4$ m 时） 相邻间距误差（$b \leqslant 4$ m 时） （$b > 4$ m 时） 球形网架各层横杆断面不同度	$\leqslant \pm 2.00$ mm $\leqslant \pm 3.00$ mm $\leqslant \pm 1.50$ mm $\leqslant \pm 2.50$ mm $\leqslant \pm 5.00$ mm

注：H—为塔脚基础顶面至避雷针安装处的垂直距离；

　　h—为塔体相邻两层之间的垂直距离。

（7）继续安装上一层时，应考虑下一个层间的偏差值。

（8）已安装的结构单元，在检测调整时，应考虑外界环境影响出现的自然变形。

（9）采用法兰连接的节点，法兰接触面的贴合率不低于75%，用0.3 mm塞尺检查，插入深度的面积之和不得大于总面积的25%，边缘最大间隙不得大于0.8 mm。超过时应用垫片垫实，垫片应镀锌，并做防腐处理。

（10）采用结点板连接的节点，相接触的两平面贴合率不低于75%，用0.3 mm塞尺检查，插入深度的面积之和不得大于节点面积的25%。

（11）抱杆、挂高、方位应符合设计要求，应与钢塔结构构件牢固联结。

（12）馈线过桥架的位置、强度应符合设计要求，并应与钢塔结构构件牢固连接。馈线过桥架要有一定的倾斜度，靠馈线窗一端应略高于铁塔一端，斜度为0.5%～1%。为了防止风力对机房建筑的影响，馈线过桥架机房端做成活动连接。

（13）有塔楼的钢塔，其水、电、暖管道位置、强度等要符合设计要求，并应与钢塔构件牢固连接。

（14）钢塔楼梯踏步板应平整，倾斜度误差$\leqslant \pm 2.0$ mm，直爬梯上下段之间的栏杆及平台护圈竖杆应连成一体，所有栏杆与相邻板之间牢固连接。

（15）铁塔安装完毕后，必须进行整体垂直度和高度的测量校正，所有数据必须满足规范要求，露出基础顶面的螺栓应涂防腐材料（黄油等），防止腐锈和损伤。铁塔高度的计算应从塔顶避雷针安装处至塔脚基础法兰平面。

（16）铁塔的避雷措施。

根据我国移动通信基站的情况，尤其是在南方地区，铁塔遭雷击是损伤基站设备的三个主要因素之一（铁塔天馈线、架空电力线或通信线）。因此，铁塔应有完善的防直击雷及二次感应雷的防雷装置，避雷带的引接必须符合设计和相关规范，一般采用自塔顶避雷针向下引接两条规格为 40 mm×4 mm 的热镀锌扁钢与地面接地装置连接（尽量减少中间连接，距离电力线、通信线、燃气管道 1.5 m 以上），并与塔体固定可靠，相互焊接合格，焊接处应有可靠的防腐措施，走向合理，符合要求。塔顶避雷针一般为镀锌钢管，顶部为尖状，高度为 7 m 左右，应安装牢固。保证天线在避雷针的 45 度角保护范围内。

从避雷针引下的雷电流引下线，应当顺塔角引入地下，不应当顺爬梯或馈线引下。

（17）铁塔的障碍灯一般在塔顶设 2~4 个，为红色 100 W，如果用交流电，其电源线必须为屏蔽线，同时外屏蔽套上下两端应接地。现都采用太阳电池作能源，也应采取相应的防雷措施。同时还需要按照国防部、民航局的规定具体处理。

（18）质量检查人员应检查铁塔避雷针（网）及其支撑件的安装，要求位置正确、牢固可靠、防腐性能好，针体垂直偏差不大于顶端针杆的直径。避雷网规格尺寸和弯曲半径正确，支持件间隔均匀，避雷针及其支持件制作质量应符合设计要求，设置的标志针、航标灯具应完整、显示清晰。

（19）要保证天线处于避雷针的有效保护区域之内。

3. 拉线式铁塔安装质量要求

拉线式铁塔安装与自立式铁塔一样，可采用单件吊装、扩大拼装（单段或几段组合）和综合安装等方法。

（1）采用扩大拼装、综合吊装和整体安装时，对构件的变形应做强度和稳定性验算。

（2）需要利用拉线塔构件支撑吊装扒杆和吊装其他设备时，应对构件做强度和稳定性验算，并应有可靠措施，防止损坏构件。

（3）纤绳（拉线）在安装前应按设计要求试验检验，拉线塔安装时纤绳应及时同步安装，并按设计要求进行拧紧，塔体吊装过程中应加设临时纤绳。拉线式铁塔安装完毕后应对纤绳（拉线）垂度进行调整，使之符合设计要求。

一般情况下，高度在 80 m 以下的拉线塔，两层拉线之间弯曲度应在 10~30 mm；高度在 80 m 以上的拉线塔，两层拉线之间弯曲度应在 20~60 mm。

（4）埋设地锚。

①铁塔地锚埋设深度应符合设计要求，允许偏差≤50 mm。

②地锚出土点允许偏差≤50 mm，拉距允许偏差≤100 mm。

③地锚回土应分层夯实。

④纤绳地锚到桅杆中心的水平距离偏差≤$H/1\,500$，纤绳水平投影间夹角≤50°。

（5）基础支座钢板应按设计标高安装，调好水平后，在钢板下灌注水泥砂浆。

（6）钢塔构件连接法兰盘的接触面不得涂漆，如有污染应清除干净，以确保良好的接地。

（7）拉线塔每架设一层，应检查钢塔垂直度并满足施工图设计要求。钢塔两层拉线之间弯曲度要符合施工图要求。

（8）钢塔全部安装完毕后，应进行拉线初拉力和钢塔垂直度测量调整，桅杆中心垂直倾斜度不得大于被测高度的 $H/1\,500$。

4. 屋面（顶）铁塔安装质量要求

由于城市建筑密集度越来越大，而且建筑物的高度也越来越高，在城市建落地塔难度是很大的，因此大量采用了屋面（顶）建塔的办法。

高耸建筑，安全为第一要素。城镇建筑物顶上原则上不得建筑铁塔，可以建 15 m 以下升高架（组合抱杆）或桅杆。

（1）施工前应对以下条件进行检查：

①必须要由有相应的土建和塔体设计资质等级的设计单位进行设计。

②必须对原建筑物承载能力进行验算，必要时要对原建筑物的砼进行强度试验。

③要充分重视新建铁塔和原建筑物的连接、固定的可靠性、可能性并提出可行性方案。

④在抗震地区对新建塔和原建筑物进行验算，防止发生共振。

⑤要考虑新建铁塔与原建筑物的平面布置尽量对称，加大根开，避免建在屋面的边角或边沿处。

（2）施工质量控制。

①在铁塔基础施工时，一般以房柱为准，使基础钢筋与房柱的钢筋紧密相连，因此在凿房屋柱顶钢筋时，一定要找准柱顶位置，在凿柱顶时不能将屋面凿漏。

②铁塔基础与原建筑物房柱要妥善连接，尤其是钢筋焊接，施工人员必须严格控制施工质量，焊接工要有上岗证书，焊完后要进行无损探伤检查和必要的拍照。

③混凝土搅拌均匀，基础浇灌时一定要用振动棒振实，保证基础的强度。由于在屋面上作业，有些机械上楼不方便，但不能以此为由而放松。

④铁塔安装时，由于在高处而且空间小、困难大，危险性很强，安全就显得更重要，施工单位必须要有完善的安全作业计划。

⑤由于场地小，测量垂度也很困难，必须用高倍经纬仪进行多次测量，以保证铁塔的垂直度。

⑥不得损坏原建筑结构，不得因施工引起渗水。

⑦屋顶塔、桅拉线距离屋顶地面 2.5 m 处应用绝缘子作电气断开。

5. 构件连接和固定的质量控制

（1）各类构件的连接接头，必须经过检查合格后，方可紧固和焊接。

（2）塔柱、横杆、斜杆及塔楼主梁的连接螺栓必须 100% 穿孔，次要部位的螺栓允许有总数 2% 的不穿孔，但必须用电焊补救，焊缝强度等于该节点全部螺栓强度。对于高强度螺栓，应等于所缺螺栓强度。临时连接时，螺栓、螺母不应少于安装孔总数的 1/3。

（3）塔柱法兰盘用双螺母锁紧，尤其是塔靴与基础预埋螺栓。其他螺栓用弹簧垫片锁紧，螺栓穿入方向应一致且合理，拧紧后外露长度为 2~3 丝扣。

（4）拧紧法兰盘螺栓，应按圆周分布角度对称拧紧。拧紧平节点螺栓，应按从中心到边缘的顺序对称拧紧。

（5）受拉力和动力荷载的螺栓，紧固后必须采取有效的防止松动措施，如地脚螺栓要加双螺帽。

（6）永久性螺栓连接时，每个螺栓一端不得垫 2 个及以上的垫圈，并不得采用大螺母代替垫圈。螺栓拧紧后外露长度不得少于 2 丝扣。螺栓孔不得用气割扩孔。

（7）在焊接每层焊缝以前，应将前一层熔渣和溅漏清除，每层焊的层内接火应错开。在焊缝集中的部位，必须严格按照焊接工艺规定的焊接方法和焊接顺序施焊。焊缝外形尺寸应符合国家标准《钢结构焊缝外形尺寸》。

（8）楼板、隔板拼接均应做封闭焊接，以防漏水。

（9）所有现场焊缝须按一级焊缝进行检查，检验方法用焊缝量规检查或用无损探伤仪进行无损探伤检测。检验时碳素钢应等焊缝冷却到环境温度，合金钢应在焊接完成 24 小时后再进行。焊缝表面不得有裂纹、焊瘤、气孔、夹渣、电弧擦伤和不得有咬边、未焊满、根部收缩等缺陷。焊缝出现裂纹时，焊工不得擅自处理，应查清原因，制定修补工艺后再处理。同一部位焊缝修补不得超过 2 次。

铁塔结构安装结束后，须进行整体测量校正，所有数据必须满足验收规范要求。校正后，所有螺栓均用力矩扳手拧紧。主体安装的质量指标和检验方法如表 5-8 所示。

表 5-8　钢塔结构主体安装的允许偏差和检验方法

允许偏差项目	允许偏差（mm）	检验方法
柱中心线和定位轴线的偏移	5	用吊线和钢尺检查
垂直度	$H/1\,500$ 且不大于 25	用经纬仪或拉线和钢尺检查

（10）铁塔构件孔径的允许偏差和检验方法，如表 5-9 所示。

表 5-9　构件孔径的允许偏差和检验方法

允许偏差项目	允许偏差（mm）	检验方法
螺栓直径为 18～30 mm 的螺栓杆	+0 −0.21	用量规检查
螺栓直径为 18～30 mm 的螺栓孔	+0.21 −0	用量规检查
螺栓直径为 30～50 mm 的螺栓杆	+0 −0.25	用量规检查
螺栓直径为 30～50 mm 的螺栓孔	+0.25 −0	用量规检查
高强度螺栓孔	+1 −0	用量规检查

6. 三角组合升高架

（1）结构要求：平面布置以等边三角形为主，当楼顶屋面下承重结构不能满足根开要求时，可作等腰三角形的平面布置。其选型、设计应满足设计要求和楼顶塔桅结构布置时的原则要求。塔柱为钢管（$\phi89\times4$，$\phi114\times4$，$\phi140\times4$），法兰盘连接，结构连接用的横杆、斜杆用 Q235 角钢通过节点板连接，构成塔的刚性结构。

（2）对楼面的承重要求：

①三角组合升高架布置在楼顶屋面，塔底板下宜作钢筋混凝土基墩，塔底板通过基墩的地脚锚栓固定在楼顶屋面，地脚锚栓规格不小于 M20。

②当楼面承重结构位置确定的根开小于 3 m 时，基础墩底板宜作整块浇筑，以增大基础墩与楼面的接触面积，使楼面的承重满足单位面积上的承重力，底板厚度不小于 200 mm，其下布双向单层钢筋，三个基墩和底板整体浇筑。

③当楼面下承重点位置满足根开 3 m 或 4 m 时，基墩底面积不宜小于 1000 mm × 1 000 mm，厚度不小于 300 mm，三个基墩柱间设连系梁调节各塔脚间水平力，增加塔架基础的整体性。

④基墩的地脚锚栓首选和建筑物柱、梁内的钢筋电焊连接或在柱内打孔将地脚锚栓插入柱内后再布水平受力钢筋，受力钢筋直径不宜小于 8 mm，间距在 100～200 mm 范围，其双向单层布置，当地脚锚杆不能与建筑物锚固或建筑物结构钢筋焊接时，必须考虑增大基墩底板面积，同时对塔桅的拉线地锚的抗拉强度作加强措施。

7. 屋面防水处理

（1）楼顶塔桅和走线架的安装应充分利用天面的结构、墙体等，尽量减少对屋顶原有防水体系的破坏。

（2）走线架垂直于女儿墙面安装时，可通过三角支架固定走线架在女儿墙上（但馈线走线架与女儿墙上的避雷带应保持足够的安全隔距），避免直接在屋面安装而破坏屋面防水体系。

（3）走线架平行于屋面安装时，需在屋面新做若干支撑脚架或水泥墩，走线架通过支撑脚架直接放置在屋面上（参见图 5－8），或走线架安装在水泥墩上，避免走线架因直接安装在屋面上而破坏屋面防水体系。

（4）若安装时损坏了屋面防水结构，需请专业施工队伍对损坏处重做防水处理。

（5）屋面防水等级与原防水等级相同；若没有明确，则按 Ⅱ 级防水等级处理。

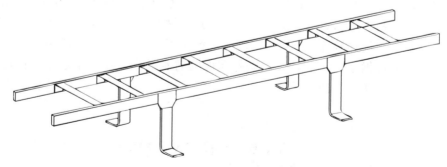

图 5－8　走线架支撑脚架示意图

8. 塔脚包封

铁塔安装合格后，铁塔的塔脚及地脚锚栓，应用 C15 混凝土封闭，塔脚封包的工艺要求和结构如图 5－9 所示。

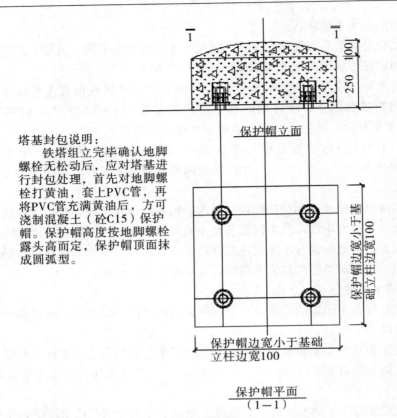

图 5-9 基站塔基保护帽详图

9. 金属构件

(1) 基本要求。

①金属结构件包括室内外走线架、走线架吊杆、走线架支撑杆、天线抱杆、铁塔抱杆支臂及异形支撑架,安装所需的连接件、紧固件、螺栓和建筑物避雷带的连接带等。

②金属结构件材料除本规范指定的材料外,其他材料按设计图纸指定材料加工。

③金属材料必须经热浸锌后方可送到施工现场使用,在现场产生的焊接处必须漆防锈漆、涂银粉。在屋面做了施工的,必须做好屋面的防水处理。损坏了业主墙面的必须修复。螺栓紧固后须做防锈处理。

(2) 天线支臂。

①天线支臂竖杆规格、长度按设计要求。

②天线支臂连接方式采用原铁塔、桅杆连接方式或用螺栓连接,支臂应为热浸锌钢管,焊接处必须做防腐、防锈处理。

③天线支臂伸出平台边不宜大于 800 mm。

④天线支臂需按设计要求生产、安装,安装时需保证施工人员安全。

⑤天线支臂结构图和相关参数可参见图 5-10。

塔基封包说明:
铁塔组立完毕确认地脚螺栓无松动后,应对塔基进行封包处理,首先对地脚螺栓打黄油,套上PVC管,再将PVC管充满黄油后,方可浇制混凝土(砼C15)保护帽。保护帽高度按地脚螺栓露头高而定,保护帽顶面抹成圆弧型。

保护帽立面

保护帽边宽小于基础立柱边宽100

保护帽平面
(1-1)

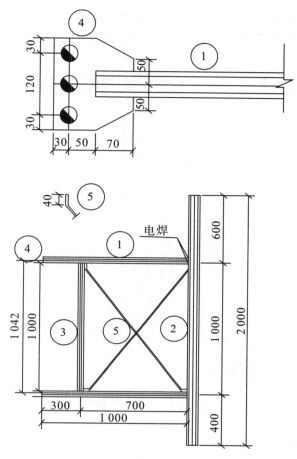

构件明细表

编号	规格	长度（mm） 面积（m×m）	数量	重量（kg）		备注
				单件	小计	
1	φ60×3.5	1 000	4	4.01	16	
2	φ60×3	1 800	3	7.65	22.95	
3	φ50×3.5	1 000	2	3.8	8	
4	—8	0.03	4	1.88	8	
5	φ12	1 230	4	1.09	4	

说明：1. 铁塔支臂采用热浸锌钢材。

　　　2. 若铁塔平台对角间距小于全向天线要求隔离距离，需要相应延长抱杆长度。

图 5—10　天线支臂结构图

（3）室外走线架。

①室外走线架（含垂直爬梯）宜采用 400 mm 热浸锌铁件，并做防腐处理。

②室外走线架需可靠接地。

③天面至馈线窗需安装垂直爬梯，垂直爬梯需平行并紧贴墙面安装。

④天面处室外走线架应尽量沿天面屋顶边缘（女儿墙内侧）安装，根据天线支架位置

选择安装方式,但无论采用何种方式,必须保证馈线不交叉,安装美观。

⑤走线架沿女儿墙安装时,需与女儿墙面垂直安装;女儿墙至天线支架的走线架需平行天面安装。

⑥室外垂直爬梯不能紧贴墙面安装,距离墙面距离应大于200 mm,且垂直爬梯长度必须超过馈线窗,如图5-11所示。

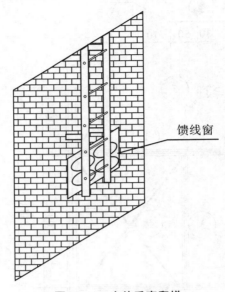

馈线窗

图 5-11　室外垂直爬梯

(4) 铁塔爬梯。

①铁塔应安装通向天线维护平台的直爬梯,爬梯应固定稳固,不得出现摇晃和松动,并考虑必要的安全防护(如增加安全保护圈)。

②直爬梯宽度宜为 500 mm,每格间隔宜为 300～400 mm。

③屋顶铁塔的直爬梯,原则上需落地,但需考虑铁塔承重。

④直爬梯两边应做馈线支撑杆,馈线支撑杆间距为 800～1 500 mm。

5.4　交流引入

5.4.1　总体要求

(1) 基站交流电源宜采用专用变压器引入市电,在交流引入距离短、设置变压器有困难的站点,可从市电变压器上单独引入。

(2) 市电引入容量应按站点的远景规划设计,站点市电引入容量应为10 kVA～17 kVA。

(3) 交流引入对于电信行业来说是属于跨行业工程,一般都由电力行业的施工单位施工。电信行业的建设单位应当委托监理单位对交流引入工程实施监理。

5.4.2　交流引入

（1）基站交流引入宜采用三相低压交流引入，若条件的确不具备，可采用单相引入。交流引入单相采用三线制，三相采用五线制。

（2）交流引入电源布线如需通过露天场所，未铠装电缆且线径较细的必须加装 PVC 管，使用 PVC 管必须考虑电缆的散热。

（3）交流引入线穿墙进屋时，墙体内必须穿管保护，保护管长度略大于墙体厚度。安装时注意保护管室内端高于室外端，以防雨水顺管或墙体流入配电箱。

（4）新建野外机房交流引入线必须采用金属护套电力电缆或绝缘护套的电力电缆穿钢管埋地（围墙内部分）引入基站机房内。电力电缆的金属外护层和钢管，应就近接地，接地点不少于 2 处。

（5）新建交流引入机房，必须在机房内设置独立的交流配电箱，机房内所有用电系统，如照明、空调、机房设备用电都从交流配电箱引出。配电箱内必须有保护地线。

（6）新建机房的交流配电箱宜配置两路交流输入端口，配置倒换开关。

（7）交流配电箱内应有浪涌保护装置，空气开关设置必须满足设备用电要求，三相引入时分路开关三相配备 3~4 个，单相配备 3~4 个；单相引入时分路开关单相配备 7~8 个。空调空气开关必须一一对应。

（8）电灯、插座、排风扇用电应分别有独立的墙壁开关控制。

（9）电源线接头必须采用铜鼻子压接方式，若交流引入线采用铝芯线，在和铜芯线相接时必须使用铜铝压接管压接，严禁绕接。电源线与空气开关或电表必须紧固连接，严禁为方便连接而剪掉部分线芯。

（10）所有用线必须采用整线连接方式，严禁断头复接形式。

（11）线路的敷设（含配电箱内）应做到横平竖直，贴墙敷设应穿 PVC 线槽给予保护，走线架上敷设须用线卡固定，走线规整美观。

5.4.3　电力电缆

（1）电力电缆的线径需根据设备的功耗确定。

（2）电力电缆必须采用阻燃的铜芯线。

5.5　电源系统

电源，是通信网中的基础设备，也是通信网中的核心设备。没有电源，就没有通信网络，就没有通信。电源系统直接关系着通信网络的质量和安全，因此，本节内容将较详细地介绍通信电源系统各部分设备的安装工艺、质量指标。

5.5.1　总体要求

（1）新建机房的开关电源整流模块数可按近期负荷配置，但满架容量应考虑远期负荷发展，其中，城区宜按不小于 400 A，乡村宜按不小于 300 A 终极容量设置。整流模块采用−48 VDC/50 A，或−48 VDC/30 A 规格，模块当期容量数量必须采用冗余配置即 $N+$

1 方式配置。

(2) 开关电源应具备低电压两级切断功能。

(3) 开关电源机架宜采用 1 600 mm 高的尺寸配置。

(4) 直流系统的系统压降，即开关电源输出端到设备输入端的压降按 3.2 V 考虑。

(5) 蓄电池组的容量应按近期负荷配置，依据蓄电池的寿命，适当考虑远期发展。

5.5.2　开关电源

1. 环境要求

工作温度：−5 ℃~50 ℃。

相对湿度：≤95%（不凝结）。

2. 交流输入电压要求

(1) 频率：45~60 Hz。

(2) 电压标称值：

单相三线制 220 V：允许变动范围为 154~286 V（±30%）。

三相五线制 380 V：允许变动范围为 285~475 V（±25%）。

(3) 技术指标。

(4) 使用性能。

①直流输出电压可调节范围为：−43 VDC~−58 VDC，电源的直流输出电压值在其可调节范围内应能做到手动或自动调节。

②直流输出电流的均流特性≤5%。

(5) 监控性能。

①具有系统监控单元，监控接口应有 RS−485、RS−232、LAN 之一的通信端口。

②系统应具有以下功能：

A. 实时监视被控设备工作状态；

B. 采集和存储被控设备运行参数；

C. 按照局（站）监控管理中心的命令对被控设备进行遥控、遥信、遥测。

(6) 告警性能。

电源在具备各种保护性功能的同时，应能自动发出相应的可闻可见告警信号。

(7) 过、欠电压保护性能。

(8) 直流输出电流的限制性能。

3. 安全性要求

(1) 防雷保护要求：耐雷电压冲击波不小于 4 kV。

(2) 绝缘强度。

交流输入对保护地：2 200 VDC。

交流输入对直流输出：4 000 VDC。

直流输出对保护地：750 VDC。

(3) 平均无故障时间不小于 120 000 小时。

4. 安装要求

(1) 线缆螺丝必须拧紧，且紧固方向一致。

（2）接线端必须根据线缆的线径合理采用铜鼻子，剥线处必须进行绝缘处理以达到安全美观。

（3）线缆布放须横平竖直，并且每一根线缆有清晰、准确的色谱标识再加永久性标签，扎带间距均匀并方向一致。

（4）开关电源必须安装工作地和保护地，交流线和直流线必须分开走线，不能绑扎在一起。

（5）开关电源安装完成后，设备加电时需安装工程人员、工程监理人员、设备厂家安装督导、局方工程管理人员到场，对设备连线、极性、设置参数等核对无误，方可由设备厂家安装督导负责，按程序加电。

（6）整流模块参数必须依据厂家说明书进行准确设置。

（7）开关电源加电后需对其进行参数设定和通电检测（空载），并填写安装及检测报告。

5．UPS

（1）总体要求。

①蓄电池应与 UPS 尽量放置在同一个箱内，蓄电池与 UPS 之间的连接线缆为设备内部连线，布放在 UPS 箱内。

②UPS 要求配置 C 级防雷器。

③UPS 输出至少要提供有 2 路接线端子、1 个三相插座，便于接入临时使用的维护设备。

④蓄电池选用阀控式密封铅酸蓄电池。

⑤UPS 箱进出线要求底部下出线，出线孔要求用胶条封堵。

⑥UPS 及蓄电池的设备板件需做防潮、防腐处理。

⑦UPS 箱的防水等级应能达到 IP55。

（2）环境条件。

①由于 UPS 及蓄电池均安装在室外，对环境温度范围要求较高。

②环境温度要求：−10 ℃～65 ℃；相对湿度≤93％。

③UPS 箱应能防腐蚀、防水、防尘、防潮、防凝霜、防霉变。

④UPS 箱在正常使用状态下，应可承受 60 m/s 的强风破坏。

（3）UPS 技术要求。

①UPS 的电气性能应能满足表 5−10 所示的要求。

表 5−10 UPS 的电气性能

指标内容	指标要求
输入电压	AC 220 V
输入电压范围	−15％～+10％
输入频率范围	50±4 Hz
频率跟踪范围	50±4 Hz（可调）
频率跟踪速率	<1 Hz/s

指标内容	指标要求
输入功率因素	＞0.93
输出电压	220 V
输出电压稳定度	±2％
输出频率	50±0.5 Hz
输出电压谐波	线性负载谐波失真度＜5％；非线性负载谐波失真度＜3％
输出电压不平衡度	＜5％
市电电池切换时间	＜4 ms
输出功率因素	＞0.8
过载能力	125％负载时，保持10分钟

②电磁兼容限值。

A. 传导干扰。

在150 kHz～30 MHz频段内，系统电源线上的传导干扰电平应符合YD/T 983—1998中5.1节表2中规定的限值。

B. 电磁辐射干扰。

在30 MHz～1000 MHz频段内系统的电磁辐射干扰电压电平应符合YD/T 983—1998中5.2节表4中规定的限值。

C. 抗干扰性能要求。

应符合YD/T 983—1998中7.3节表9和续表9中规定的判断准则。

③保护功能。

A. 输出短路保护：

输出负载短路时，UPS应立即自动关闭输出，同时发出声光告警。

B. 输出过载保护：

输出负载超过UPS额定负载时，应发出声光告警；超出过载能力时，应转旁路供电。

C. 过温度保护：

UPS机内运行温度过高时，发出声光告警并自动转为旁路供电。

D. 电池电压低保护：

当UPS在电池逆变工作方式时，电池电压降至保护点时发出声光告警，停止供电。

E. 输出过、欠压保护：

UPS输出电压超过设定过、欠电压值时，发出声光告警并转为旁路供电。

F. 抗雷击浪涌能力：

UPS应具有防雷装置，能承受模拟雷击电压波形10/700 μs、幅值为5 kV的冲击5次，模拟雷击电流波形8/20 μs、幅值为20 kA的冲击5次，每次冲击间隔为1 min，设备仍能正常工作。

④遥测、遥信性能。

UPS应具备RS232或485/422标准通信接口，并提供与通信接口配套使用的通信线缆和各种告警信号输出端子。

⑤外壳防护要求。

UPS 箱保护接地装置与金属外壳的接地螺钉间应具有可靠的电气连接,其连接电阻应不大于 0.1Ω。

⑥可靠性要求。

UPS 设备在正常使用环境条件下,平均无故障间隔时间 MTBF 应不小于 100 000 h(不含蓄电池)。

6. 蓄电池

(1)总体要求。

①每个机房的直流供电系统应配置两组蓄电池,交流不间断电源设备(UPS)的蓄电池组每台宜设置 1 组。

②不同厂家、不同容量、不同型号、不同时期(出厂时期相差 1 年以上)的蓄电池组严禁并联使用。

③蓄电池输出母线材料为多股铜芯线。

④蓄电池需安装在抗震支架上或绝缘垫上。若安装在抗震支架上,抗震支架必须接地保护。

⑤电池安装完成后需进行设备检测并填写安装及检测报告。

(2)安装条件。

①电池架排列平整稳固。

②电池外壳不得有损坏现象,极板不得受潮、氧化、发霉,滤气帽通气性能良好。

③电池各列要排放整齐,前后位置、间距适当。每列外侧应在一直线上。电池单体应保持垂直与水平,底部四角均匀着力。

④电池间隔偏差不大于 5 mm,电池之间的连接条应平整,连接螺栓、螺母拧紧,保证各连接部位接触良好,并在连接条和螺栓、螺母上涂一层防氧化物或加装塑料盒盖。

⑤电池体安装在铁架上时,应垫缓冲胶垫,使之牢固可靠。

⑥安装阀控式密封铅酸蓄电池时,应用万用表检查电池端电压和极性,保证极性正确连接。对于端电压偏低的电池应筛选出来,查明原因。

⑦蓄电池各极柱间连接必须紧固,接头处必须涂抹凡士林。

⑧蓄电池可靠墙设置,其背面与墙之间的净宽宜为 100 mm;蓄电池的侧面与墙之间的净宽应不小于 200 mm。

7. 交流配电箱

(1)规格要求。

①配电箱表面烤漆处理,漆面颜色与环境协调。

②A1、A2 型配电箱为三相进,三相或单相出;B1、B2 型配电箱为单相进,单相出。

③配电箱预留 2 个上出线孔和 1 个下进线孔,门上应有锁。正面操作。

④A1 型配电箱输入开关 K1 为三相 100 A 自动转换开关(ATS),输出开关 K4～K11 为三相 2×40 A、2×16A,单相 2×10A、2×5 A。

A2 型配电箱输入开关 K1 为三相 100 A 手动转换开关,输出开关 K4～K11 为三相 2×40 A、2×16 A,单相 2×10 A、2×5 A。

B1 型配电箱输入开关 K1 为单相 100 A 自动转换开关，输出开关 K4～K11 为单相 2× 40 A、2×16 A、2×10 A、2×5 A。

B2 型配电箱输入开关 K1 为单相 100 A 手动转换开关，输出开关 K4～K11 为单相 2× 40 A、2×16 A、2×10 A、2×5 A。

⑤防雷器（SPD）如为独立式，则安装在配电箱外侧；如为模块式，则安装在配电箱内。其连接线应采用不小于 16 mm² 阻燃铜芯电缆，接地线采用不小于 16 mm² 阻燃铜芯电缆，接地线要尽量短且直。

⑥交流配电箱必须接交流防雷器，交流防雷器等级为 B 级。交流防雷器冲击通流容量按实际设计考虑。防雷器前开关 K3 为 32 A，分断力为 10 kA，不设保护。

⑦SPD 接线进出线应远离箱内开关进出线，不宜混在一起。

⑧新建机房的交流配电箱宜配置电源输入倒换开关。

⑨交流配电箱内应设来电显示二极管。

（2）安装配置要求。

①电源线接头必须采用铜鼻子压接方式，若交流引入线采用铝芯线，在和铜芯线相接时必须使用铜铝压接管压接，严禁绕接。

②电源线与空气开关或电表必须紧固连接，严禁为方便连接而剪掉部分线芯。

③所有用线必须采用整线连接方式，严禁断头复接形式。配电箱内线路的敷设应做到横平竖直，走线规整美观。

5.6 空调

5.6.1 总体要求

（1）机房空调采用单冷式空调，高寒地区可选择冷暖式空调。

（2）机房空调制冷量应根据机房面积大小和机房内设备发热量共同确定，可选规格有：2P、3P、5P，面积 15～20 m² 的机房宜选择 3P 空调。

（3）机房空调自启动温度可调整范围为 15 ℃～30 ℃。

5.6.2 功能要求

1. 交流输入电压的要求

（1）电网频率范围：45～65 Hz。

（2）单相三线制 220 V：允许变动范围为 165～275 V（±25%）。

（3）三相五线制 380 V：允许变动范围为 285～475 V（±25%）。

（4）当市电电压超出以上电压变动范围时，空调必须有自动保护功能，防止空调损坏。

（5）空调使用的环境温度范围为 −5 ℃～+43 ℃。

（6）空调具备高能效比。要求空调器的能效比（EER）2P 机、3P 机＞2.5，5P 机＞2.6。

（7）空调噪声指标：空调噪声指标如表 5−11 所示。

表 5-11　空调噪声指标

额定制冷量（W）	室内噪声 dB（A）	室外噪声 dB（A）
2 500~4 500	≤43	≤53
>4 500~7 100	≤50	≤57
>7 100	≤57	≤63

（8）空调设备必须保证一年四季 24 小时工作。

（9）空调具有断电后来电自启动功能，并且能自动恢复断电前的各项设置，具有定时开关机功能。

（10）空调应有故障自诊断功能、历史故障存储功能和设备运行数据查询功能。

（11）防雷要求：交流输入端具有 C 级防雷装置。

（12）无故障运行时间不小于 8 500 小时。

（13）空调具有双机自动切换功能，双机正常工作时，定时切换轮流工作，当两台设备中一台发生故障时，自动切换到另一台设备。

（14）空调必须具有 RS-485、RS-232、LAN 之一的通信端口，具有标准的通信协议。

（15）空调还必须具有以下功能：

①远程开关机功能。

②远程故障自诊及历史故障查询功能。

③运行参数远程设置功能、远程运行数据查询功能。

④通过地址编码实现远程多机监控的功能。

⑤按照局（站）监控管理中心的命令对设备进行遥控、遥信、遥测。

遥测：空调的交流输入电压、电流，回风温度，回风湿度，送风温度，送风湿度。

遥信：风机状态、压缩机状态、过滤器堵塞告警、故障告警。

遥控：启动/关闭主机、双机切换。

2. 空调安装

（1）室内机：应保证运行通畅，尽量离其他设备一定距离，以免相互干扰。

（2）室外机：应考虑环境保护、市容整洁美观的有关要求，而且气流运行通畅合理。沿道路两侧建筑物安装的室外机组，其安装架底部（安装架不影响公共交通时，可指水平安装面）距地面的距离应大于 2.5 m；应尽可能地远离相邻的门窗，以免振动和噪音影响邻居的正常生活和工作。

（3）管线安装位置：空调器室内连接管、电线（电源线、控制线）安装时，原则上应顺墙布置、合理拐弯、横平竖直、相互平行。尽量避免横空跨越，更不能阻塞交通。

（4）空调电器安全要求。

①使用电源：按使用说明书中的要求，一般为市电（交流电），频率 50 Hz，单相电压为 220 V，三相电压为 380 V。

②电磁干扰：按照国家有关标准的要求，要通过电磁兼容检测。

③电路保护：空调器电源线路中，应安装漏电保护器或空气开关，以便在意外发生时立即自动切断电源，保护人身及财产安全。

④电气接地：任何空调器随机所装的电源线上，都必有接地线；用户接地装置的接地电阻值不得大于 10 Ω。

（5）空调排水要求。

①出水管应出墙 150 mm 以上，如遇有统一下水管或平台地漏的，需把出水管插入下水管和地漏中，切忌出水管出墙太长且不固定，以免水滴溅落影响邻居和楼下用户。

②排水管的直径应大于或等于连接管的直径，排水管下垂坡度至少应为 1/100，以防形成气堵流水不畅，保证冷凝水可以顺利排出。

③墙洞要求：

A. 连接内外机的管线所经过的墙洞，要求室内侧高、室外侧低。

B. 空调安装完毕后应堵墙洞，防止雨水渗入损坏墙面、地板，防止蚊虫进入。

④空调室内排水管安装时必须牢固，以防渗水到室内。

5.7 动力环境监控

5.7.1 总体要求

（1）基站的动力环境监控分为城镇基站和野外农村基站两类。

（2）城镇基站的动力环境监控应包括机房内所有设备及视频。

（3）野外农村基站的动力环境监控应包括机房内所有设备及视频、围墙内的环境视频。

（4）监控系统的设计和建设应符合《通信局（站）电源系统总技术要求》《通信电源集中监控系统工程设计规范》《通信局（站）电源、空调及环境集中监控管理系统（1~4部分）》以及其他有关标准和规范。

5.7.2 监控要求

1. 硬件要求

（1）系统硬件设备的总体结构应充分考虑安装、维护和扩充或调整的灵活性，应实现硬件模块化。设备应具有足够的机械强度，其安装固定方式应具有防震和抗震能力。应保证设备经常规的运输、储存和安装后，不产生破损、变形。

（2）系统硬件应具有良好的电磁兼容性，被监控设备处于任何工作状态下，监控系统与被监控设备都不应产生相互干扰。

（3）系统硬件应能监控具有不同接地要求的多种设备，任何监控点的接入均不应破坏被监控设备的接地系统。

（4）系统硬件应满足下列工作环境要求：

工作温度：−10 ℃~50 ℃

相对湿度：20%~95%

海拔高度：≤5 000 m

（5）监测环境使用的消防传感器和设备应经过公安消防部门的认可。

（6）系统硬件应不影响被监控设备的正常工作，应不改变具有内部自动控制功能设备的原有功能，并以自身控制功能为优先。

（7）监控系统的硬件设备应有很高的可靠性，现场监控单元的平均故障间隔时间（MTBF）应不低于 100 000 小时，整个系统的平均故障间隔时间（MTBF）应不低于 20 000小时。

（8）监控系统硬件发生故障时，不影响被监控设备的正常工作。

（9）监控系统应有很好的电气隔离性能，不得因监控系统而降低被监控设备的交直流隔离度及直流供电与系统的隔离度。

（10）监控模块的机箱外壳应接地良好，并具有抵抗和消除噪声干扰的能力。

（11）构成系统的硬件，要求能够通过增加部件来扩充系统的容量。

（12）数字信号输入接口（DI）、模拟信号输入接口（AI）、数字信号输出接口（DO）和智能设备接口的接口余量应根据实际情况酌情考虑。

2. 软件要求

（1）系统应具有较好的开放性。

（2）系统应具有完善的防范措施及较强的容错能力。

（3）监控单元（SU）应具有连接便携式计算机或 PC 的接口，通过该接口能够对监控单元（SU）进行基本操作。

（4）系统软件应具有较强的抗误操作能力，不会因误操作而影响系统正常运行。

（5）当系统软件局部功能模块发生故障时，应不影响其他模块的正常运行。

3. 告警功能要求

（1）无论监控系统控制台处于任何界面，均应能够及时自动提示告警、显示并打印告警信息。所有告警一律采用可视、可闻声光告警信号。

（2）发生告警时，应由维护人员进行告警确认。如果在规定时间内（根据通信线路情况确定）未确认，可根据设定条件自动通过短消息、电话等通知相关人员。

（3）具有多地点多事件的并发告警功能，不应丢失告警信息，告警准确率为 100％。

（4）系统应能对不需要做出反应的告警进行屏蔽、过滤。

（5）系统应能根据需要对各种历史告警的信息进行查询、统计和打印。各种告警信息不能在任何地方进行更改。

（6）系统本身的故障应能自诊断并发出告警，能直观地显示故障内容。

（7）系统具有能根据用户的要求，方便快捷地进行告警查询和处理的功能。

（8）告警时能自动生成派工单（包括电子和纸质）。

4. 配制管理功能要求

（1）配置管理要求操作简单、方便及扩容性好，可进行在线配置，不中断系统正常运行。

（2）监控系统应具有远程监控管理功能，可在中心或远程进行现场参数的配置及修改。

（3）系统能够配置监控系统的各种设备及其信号。用户可灵活配置系统参数，用于增加、删除、修改系统的监控主体与监控对象信息，例如需要增加或减少局站，增加或减少被监控设备/测点，或者修改监控点告警门限值，设置告警屏蔽，用户均可通过系统提供的配置功能完成此类工作。

（4）系统能够根据监控局（站）的具体情况配制监控局（站）架构、监控设备、监控信号、信号的各种处理特性及信号的采集特性（诸如采集类型、采集单元、采集通道等）。

（5）配制模块生成系统数据后，应能够根据使用者不同分发成各个独立的数据集供前置机、业务台等不同采集设备使用。

5. 安全管理功能要求

（1）监控系统应具有系统操作权限的划分和配置功能。当操作人员取得相应权限时，可进行相应操作。操作权限可分为管理员、监控、监视三个等级，以区分不同的操作权力。其中管理员权限又可分为三类：SC 管理员、片区管理员、专业管理员。

（2）监控系统应有设备操作记录，设备操作记录包括操作人员工号、被操作设备名称、操作内容、操作时间等。

（3）监控系统应有操作人员登录及退出时间记录。

（4）监控系统应据有容错能力，不因用户误操作等原因使系统出错、退出或死机。

（5）监控系统应具有对本身硬件故障、各监控级间的通信故障、软件运行故障自诊断功能，并给出告警提示。

（6）系统应具有来电自启动功能。

（7）系统应具有系统数据备份和恢复功能。

6. 报表管理功能要求

（1）系统应具有统计功能，并能生成和打印统计报表与曲线。

（2）统计数据应均可用报表、直方图、曲线图的形式显示和打印，同时监控系统还应具有根据查询需要定制不同报表的功能即自定义报表功能。可生成规定的各种机历卡、交接班日志、派修工单等管理表单。还可根据管理的需要定时打印有关报表，设置报表打印周期。

7. 通信管理功能要求

（1）监控系统能直观地显示各级之间的通信状态，能记录各点发生的通信故障。

（2）监控系统能自动记录通信线路的启动、停止和切换时间。

8. 设备管理功能要求

（1）监控系统能够汇总所监控的各辖区内各单位的设备表，并能传输到上一级监控单位。汇总后的信息表中能够反映增加设备和修改设备的其他内容，包括设备类型、设备名称、规格型号、容量、性能指标、监控点、监控内容、安装日期、安装地点、出厂时间、最近大修时间、厂商名称、厂商资料、运行情况等资料。

（2）监控系统可以以设备安装地点、设备类型、设备名称、厂商名称、规格型号等为线索分类查询及统计系统内所有设备的情况，并能将故障统计与设备相关联。

9. 组态功能要求

（1）组态的目的是给监控业务台人机界面提供丰富多彩的图形、文字，用以直观体现数据的变化。

（2）系统组态应能在线完成，设置好组态界面后，应能进行正确的监控工作；修改完某端局的配置时，配置文件应能进行存贮，以便以后查询和调用。

10. 历史数据管理功能要求

（1）系统能够对告警记录、重要的监测数据、统计数据和操作记录进行存储。

（2）对蓄电池组的监测应能根据蓄电池电压的变化率自动调整采样周期，记录充放电全过程，保证采样数据能正确反映蓄电池的状态。

（3）每个监控点在正常状态下的运行数据每天只保留平均值、最大值和最小值及其时间即可，一天一个记录；也可根据监控点的具体情况通过设置存储阀值或存储周期来保留运行数据。

（4）能提供多种灵活的查询、统计手段，可对所有存贮的历史数据进行方便、迅速地查询。并能以通用的电子文档格式（如 ACCESS 或 EXCEL）导出保存，帮助使用者有效掌握动力设备的运行历史情况，并可以此作为判断某种设备运行质量及稳定性的基础数据。

（5）可以根据系统设置的备份周期，定时用磁带、硬盘等方式进行指定时间段、指定内容的数据备份和恢复。

11. 故障管理功能要求

（1）监控系统应具有故障闭环管理功能，同时系统应具有开放的数据接口，告警信息可以方便地导出到其他故障闭环管理系统进行处理。

（2）告警发生后可以通过相关地图或逻辑组织图，通过逐层扩展形象地定位故障所在地点、楼层、机房、设备。

（3）系统可以将已发生过的各种故障的告警信号关联起来，分析告警数据，进行故障诊断，定出故障位置，迅速找出故障原因，并提出排除故障的方案。

12. 智能分析功能要求

监控系统智能分析的目标则是模拟、代替人的思维器官的某些分析和控制功能，采用专家系统、定性分析等智能分析和控制方法，进行设备诊断、性能分析等，包括设备性能分析、故障预测、设备诊断、资源预警、设备维护提示等智能监控功能。

（1）设备性能分析：通过对系统设备的运行情况、运行参数、性能指标及其他参数进行分析，对动力设备的质量得出分析结论，对可能发生的故障进行预测，并提出改善运行的合理建议。并可根据各种动力设备的运行记录，监测能源消耗，分析是否符合节能要求。

（2）设备维护周期提示：分析监控历史数据，发现设备在维护周期范围内，仍未作维护的项目，及时发出提示，但对由于停电或其他原因造成设备启动（如油机启动或电池放电的），满足一定的条件可以将维护周期顺延。

（3）资源预警功能：主要针对交流配电系统、UPS 系统、开关电源、蓄电池、柴油发电机组几类设备设计一定的预警参数，当实际运行参数达到某些规定的设定值时，系统出现预警提示，可以作为异常情况显示。

13. 图像要求

（1）图像应稳定、清晰，图像传输应采用先进、可靠、成熟、开放的方式。传输使用电话线时，图像应能达到 4 帧/秒且分辨率在 352×288 像素点以上；传输使用 384 kbps 带宽时，图像应能达到 15 帧/秒且分辨率在 352×288 像素点以上；传输使用 2 Mbps 带宽时，图像应能达到 25 帧/秒且分辨率在 352×288 像素点以上。

（2）应有控制视频切换器/图像分割器、云台控制器的能力。能根据中心发来的命令对摄像头作方向、角度、聚焦，自动云台控制，视频切换等功能。

（3）应能实现告警时图像联动和数据记录等功能。

14. 智能门禁功能要求

(1) 智能门禁应能自动记录使用人员的编码、状态（开/关门）、时间、地点等信息。

(2) 在有人值班或正常上班时间能屏蔽告警。

(3) 智能门禁系统应保证市电停电时仍能正常工作。

(4) 智能门禁系统开关门的准确率应达到100%。

15. 打印功能要求

(1) 出现告警应立即打印。

(2) 根据管理需要定时打印。

(3) 打印信息在显示屏幕上应有所提示。

(4) 应能屏幕拷贝打印。

16. 系统帮助功能要求

系统应具有上下文关联的对系统功能、操作等方面做出详细说明的在线帮助功能。

系统的在线帮助方式包括：操作及安装手册、快捷帮助、工具栏提示、状态栏提示。

17. 传感器要求

(1) 温度传感器。

最小测量范围：$-10\ ℃\sim50\ ℃$

准确率：$25\ ℃$校准误差$\pm0.5\ ℃$

线性度：$\pm0.5\%$（全范围）

使用环境：湿度至少$0\sim95\%$ RH

反映时间：小于 20 s

工作电源：能够适应机房提供的供电条件

国标要求：GB 6663~GB 6666、GB 7153~GB 7154

(2) 湿度传感器。

最小测量范围：$0\sim100\%$ RH

准确率：$\pm3\%$

线性度：$\pm0.5\%$（全范围）

使用环境：温度$-10℃\sim50℃$

反映时间：小于 20 s

工作电源：能够适应机房提供的供电条件

国标要求：GB 15768

(3) 红外传感器。

选用类型：被动式红外探测器

探测范围：大于 20 m

反应时间：小于 3 s

使用环境：温度$-10\ ℃\sim50\ ℃$，湿度至少$0\sim95\%$ RH

工作电源：能够适应机房提供的供电条件

国标要求：GB 10408.5

(4) 水浸传感器。

灵敏度：可调。

告警准确率：大于 99%

告警响应时间：小于 5 s

使用环境：温度 $-10\ ℃\sim50\ ℃$，湿度至少 $0\sim95\%$ RH

工作电源：能够适应机房提供的供电条件

（5）烟雾传感器。

警戒电流：小于 20 μA

报警电流：小于 65 mA

烟雾灵敏度：符合 GB 4715

告警准确率：100%

告警响应时间：小于 5 s

放射源：源强小于 2.59×104 Bq（0.7 μci）

使用环境：温度 $-10\ ℃\sim50\ ℃$，湿度至少 $0\sim95\%$ RH

工作电源：能够适应机房提供的供电条件

国标要求：GB 4715

（6）门磁传感器。

机械寿命：大于 500 万次

核定功率：小于 5 W

产生开门告警最小间隙：不超过 20 mm

使用环境：温度 $-10\ ℃\sim50\ ℃$，湿度至少 $0\sim95\%$ RH

工作电源：能够适应机房提供的供电条件

18. 安装要求

（1）设备安装总体要求。

①设备安装要求不占安全通道，安装牢靠，便于维护，不破坏环境的谐调。

②监控设备应良好接地，并有防雷措施，防雷应符合《电信交换设备耐过电压和过电流能力》ITU-T.K.20 中对防雷与过压的保护能力的要求。

（2）采集器安装要求。

①采集设备的安装，应既能分散安装，又能集中安装，应根据便于维护和操作、安全美观的原则安装；不应安装在潮湿的墙壁上并避免正对设备和空调的出风口。

②采集器应保证有可靠的接地系统，接地线线径不得小于 1.5 mm。

③配电箱三相输入电压采集点应位于空气开关以上，油机三相输出电压采集点应位于空气开关以下。

（3）传感器安装要求。

①门磁要保证固定牢固，并保证两个磁体之间有适当的空隙，以保证不互相发生碰撞。

②烟雾传感器要固定在主设备偏上方，并保证处于机房的最高点，告警指示灯应正对着门，若机房有突出的房梁，则房梁两侧都要安装烟雾传感器。

（4）温湿度传感器的安装位置要避开日光照射，同时也要避开灯管、设备出风口等热源，并避免安装在空调的出风口及潮湿的墙面上。同时要保证安装在比主设备高的地方。

（5）水浸传感器探头应安装在主设备周围较低的地面上，同时要避免妨碍安全通道和其他设备的开、关门等。

（6）红外传感器的安装位置要避开日光照射、空调出风口。

（7）投入式液位传感器应直接投入到油机油箱中，但要避免平放和接触油箱底部。

（8）布线接线要求。

①系统布线的基本要求：接点、焊点可靠（缆线间应无接焊点），接插件牢固，保证信号的有效传输，抗干扰能力强，具有安全保护隔离装置，能方便地进行系统的扩容和升级。

②电缆头应有统一编号，字迹应清晰，不易擦除；编号应与图纸一致，按编号应能从图纸上查出线缆的名称、规格、始终点；所有接线处有信号标识，标注清晰，与图纸一致，使用便于维护安装的接线方式（接线端子等）。

③桥架的走线应与原走线的风格一致，敷设于地沟、地板下和顶棚上的布线应用阻燃材料的槽（管）安放；室外走线应采取防雷保护措施。

④采集器到各传感器的信号线和电源线应采用 PVC 线槽进行防护，线槽应选用阻燃型材料，并做到直角布线，从而保证美观可靠；为防止电磁干扰对信号传输的影响，信号线与电源线不得共槽。

⑤采集器到基站的信号线应和基站的其他线分开，以避免干扰，禁止飞线，尽量不走明线，严禁走线缠绕、交叉。

⑥机房到油机室的室外地沟走线在进出机房时要求将线缆屏蔽层就近接地，且开挖地沟的深度应大于 0.3 m。

19. **供电要求**

（1）监控设备应能在标准 220 V 市电或 −48 V 直流电源下正常工作，如有特殊要求，需显著标明。

（2）系统可适应的供电范围应较宽，对于 −48 V 供电的情况下，系统应具有的容忍范围为：−36 VDC～−72 VDC。

（3）在供电系统等支路发生故障以及在起弧过程中产生尖锋脉冲电压时，监控系统应不出现故障；在某些交流电源系统产生强烈干扰的环境里，监控系统的布线和设备均应增加额外屏蔽措施和线路保护措施。

20. **防雷、接地要求**

（1）两座建筑物之间的信号线、辅助电源线均应在入口处配置相应的浪涌保护器。

（2）分布式监控系统中连接各监控模块的信号总线长度超过 20 m 时应加防雷器，以防止感应过电压。

（3）监控设备和器件的安装应避免靠近外墙避雷线。

（4）数据线和辅助电源线应敷设在毗连的管道以使环路区域最小。

（5）监控系统的防雷应就近从水平接地分汇集线上接入。接地时应注意单点接地形成等电位连接，防止多点接地形成回路，引起干扰。

（6）在监控系统中，监控设备如机柜、机箱、辅助电源、计算机等人体易接触的设备外壳，均需安全接地。当接地线较长时，应采用多根间隔导线接地。

（7）机房内信号浪涌保护器的接地端，宜采用截面积不小于 1.5 mm² 的多股绝缘铜导线单点连接至机房局部等电位接地端子板上。

（8）对于 2 M 传输线屏蔽层应保证单端接地。

（9）监控系统采集设备的金属外壳和防雷保护地线、电缆金属外皮均应该在设备所在机房与地排就近接地。当采集设备电源所连接的监控用直流电源配电箱不在同一房间时，则除要将采集设备相关地线在本机房就近接地排外，还应将远端直流配电箱的电源地、防雷保护地、电源电缆外皮在当地就近接地排。

21. **智能设备接入要求**

（1）系统应具有方便地纳入各种智能设备（含其他厂家开发的监控模块）的能力。

（2）系统应采用驱动程序模块挂接的方式增加智能设备，根据每种智能监控对象的接口协议开发相应的驱动程序，驱动程序采取统一的接口，定义了数据采集和控制、三遥参数等协议。当增加某种智能监控对象时，挂接相应的驱动模块就可。

22. **监控系统对机房设备的要求**

（1）使用数字分插复用技术作为 SU 和 SC 间的连接方式时，要求各被监控局（站）提供固定且统一的 PCM 时隙。

（2）被监控的开关电源、智能空调、智能油机等智能设备本身应配置通信接口板。

（3）机房应提供可供监控设备使用的 −48 VDC 电源。

（4）机房无线电干扰场强，频率为 0.15 MHz～500 MHz 时，应不大于 126 dBμV/m；磁场干扰场强应不大于 800 A/m（相当于 10 奥斯特）。

5.8　基站设备安装

5.8.1　总体要求

1. **对机房的要求**

（1）机房内部的装修工作已经全部完工。室内已充分干燥，地面、墙壁、顶棚等处的预留孔洞、预埋件的规格、尺寸、位置、数量等应符合施工图设计要求。

（2）市电已引入机房，机房照明已能正常使用。

（3）通风取暖、空调等设施已安装完毕并能提供使用。室内温度、湿度应符合设备要求。

（4）机房建筑的防雷接地和保护接地、工作接地体及引线已经完工并验收合格，接地电阻必须符合施工图设计要求。

（5）机房内必须具备有效的消防设施。机房内及其附近严禁存放易燃易爆等危险品。

2. **设备器材检验**

（1）开工前，建设单位的随工代表、物资供应单位和施工单位质量负责人、监理工程师，应组成联合检查组，对到达施工现场的设备、主要材料的品种、规格、数量进行开箱清点和外观检查，具备下列条件时方可开工：

①设备机架、子架框、加固件及影响布线、接线的部件必须全部到齐，规格型号符合施工图设计要求，外观无破损现象。

②铜排或铝排规格程式、数量应符合施工图设计要求，无明显的扭曲现象。

③馈线、射频同轴电缆、电源线、保护地线电缆、数据线等主要电缆规格程式、数量应符合施工图设计要求；各种电缆、线料外皮完整无损，满足出厂绝缘指标要求。

（2）联合检查组在对局（站）设备、材料做开箱检查时，应做好详细记录并经各方签字确认，发现有短缺、受潮及损坏现象，由物资供应单位及时联系相关单位予以解决。

（3）施工中不得使用不合格的材料。当主要材料的规格不符合施工图设计要求而需要其他材料代替时，必须事先征得设计单位同意，办理必要的手续后方可使用。

3. 设备安装要求

（1）机房内设备机架排列相互距离应符合施工图的设计要求。

（2）机架的安装应端正牢固，满足抗震加固的要求，各直列上、下两端垂直倾斜误差应不大于 3 mm。

（3）机架应采用膨胀螺栓（或木螺栓）对地加固。设备的抗震加固应符合邮电部通信设备安装抗震加固要求，加固方式应符合施工图的设计要求。

（4）所有紧固件必须拧紧，同一类螺丝露出螺帽的长度应一致。

（5）机架上的各种零件不得脱落或碰坏，漆面如有脱落应予以补漆。各种文字和符号标志应正确、清晰、齐全。

（6）地线与铁架连接应加弹簧垫片，保证接触良好。

4. 电缆布放要求

（1）布放电缆的规格、路由、截面和位置应符合施工图的规定，电缆排列必须整齐，外皮无损伤。

（2）交、直流电源的馈电电缆，必须分开布放；电源电缆、信号电缆、用户电缆与中继电缆应分离布放。

（3）电缆转弯应均匀圆滑，电缆弯的曲率半径应满足相应的曲率要求。

（4）电缆需绑扎好，整齐布放在走线架上。电力电缆水平安装的电缆加固点间的距离≤1 000 mm，垂直安装的电缆加固点间的距离≤1 500 mm，其他电缆加固点间的距离宜为 300 mm。

（5）电缆两端需挂硬塑料吊牌，吊牌格式如图 5-12（a）和（b）所示。

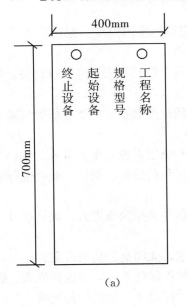

（a）

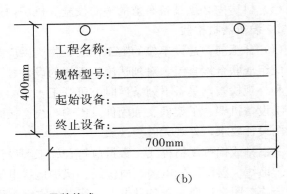

（b）

图 5-12　吊牌格式

（6）机房直流电源线的安装路由、路数及布放位置应符合施工图的规定。电源线的规格、熔丝的容量均应符合设计要求。

（7）电源线必须采用整段线料，中间无接头。

（8）铜鼻子、螺丝等主要材料的规格、数量应符合设计规定。

（9）敷设电源线应平直靠拢、整齐，不得有急剧弯曲和凹凸不平现象；在走线架上敷设电源线的绑扎间隔应符合设计规定，绑扎线扣整齐、松紧合适，结扣在两条电缆的中心线上，麻线在横铁下不交叉，麻线结头蕴藏而不露于外侧。

（10）电源线与设备连接。

①电源线剖头部分均缠塑料带，缠扎厚度与绝缘外皮一致，各电源线缠扎长度应一致。

②截面 10 mm² 及以下的单芯电源线打接头圈连接时，线头弯曲的方向应与紧固螺丝方向一致，并在导线与螺母间装垫圈，每处接线端最多允许两根芯线，且在两根芯线间加装垫圈，所有接线螺丝均应拧紧。

③截面 10 mm² 及以上的多股电源线应加装铜鼻子，其尺寸应与导线相配合。

④线鼻子与设备的接触部分应平整洁净；接触处涂一薄层中性凡士林，安装平直端正；螺丝紧固。

⑤电源线与设备接线端子连接时，不应使端子受到机械应力。

（11）电源线需用彩色线。-48 V：蓝色；工作地：黑色；保护地：黄绿。

（12）通信设备电源线需采用型号为 ZA-RVV（ZRRVV、ZRVVR、RVVZ）的通信电源用阻燃软电缆。

（13）光纤连接线的规格、程式应符合设计规定，光纤连接线两端的余留长度应统一并符合工艺要求。

（14）光纤连接线拐弯处的曲率半径不小于 38～40 mm。

（15）光纤连接线在走线架上应加套或线槽保护。无套管保护部分宜用活扣扎带绑扎，扎带不宜扎得过紧。编扎后的光纤连接线在走线架上应顺直，无明显扭绞。

（16）射频同轴电缆的端头处理应符合下列规定：

①电缆余留长度应统一，同轴电缆各层的开剥尺寸应与电缆插头相应部分吻合。

②芯线焊接端正、牢固，焊锡适量，焊点光滑，不带尖、不成瘤形。组装同轴电缆插头时，配件应齐全，位置正确，装配牢固。

③屏蔽线的端头处理：剖头长度应一致，与同轴接线端子的外导体接触良好。

④剖头外需加热缩套管时，热缩套长度宜统一适中，热缩均匀。

⑤射频同轴电缆的布放安装还应符合设备安装布线工艺质量的要求。

5.8.2 基站设备安装位置

（1）基站设备安装时，机柜前开门 0.8 m 内不能安装任何设备。

（2）蓄电池一般靠墙、柱摆放，其背面与墙之间的净宽宜为 100 mm，蓄电池的侧面与墙之间的净宽应不小于 200 mm。蓄电池需安装在抗震支架上或绝缘垫上。

（3）一般情况下蓄电池采用单层双列摆放。

5.8.3 BBU＋RRU 安装

BBU 是基站的基带处理部分，可安装在基站机房。RRU 是室外型射频拉远模块，可以直接安装于靠近天线位置的金属桅杆或墙面上。

BBU 和 RRU 的安装要符合设备安装要求。

5.8.4 天馈系统安装

（1）全向天线收、发间距满足隔离度要求，在屋顶安装时全向天线与避雷器之间的室外馈线需布放在室外走线架上，沿边缘布放，每隔 800 mm 用馈线卡固定一次，在馈线接头、接地处用防水胶带密封。

（2）馈线入馈线窗的处理。

①馈线窗进入机房馈线口处，要用防雨布胶进行密封处理，入房前应将每条馈线加固在垂直爬梯上，且室内处高度高于室外处，以防止积水流入室内。

②馈线在进入馈线窗处需略向下弯曲，以防止积水流入室内；防水弯最低处要求低于馈线窗下沿 10～20 cm。7/8″馈线和 1/2″软馈线的曲率分别为 250 mm 及 120 mm。

③若馈线在进入馈线窗处无法作回水弯，可直接进入馈线窗，但必须在馈线窗上方加装防水雨棚。

④馈线窗应按馈线在走线架上的布放位置纵向使用，如图 5-13 所示。

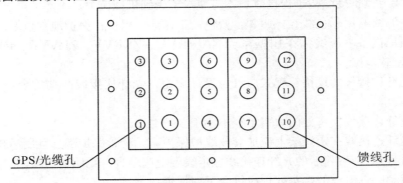

注：孔内编号为馈线布放顺序。

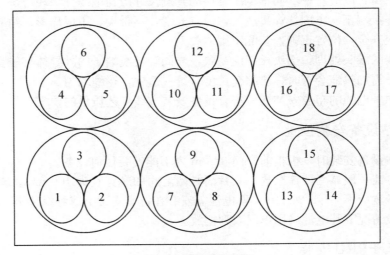

5-13　馈线窗示意图

5.9 系统测试和网络优化

5.9.1 基站设备测试检验

建设单位向设备厂商索取齐全的资料和出厂检验合格报告单,一般情况下,移动通信设备调测由设备厂商派专业工程师作为随工,监理工程师应监督厂商随工测试,确保随工测试的真实性。

无线网络子系统(RNS)设备调测主要在以下三个方面:

(1)基站(NodeB)发射机、接收机主要性能指标检验;

(2)无线网络控制器(RNC)主要功能检验;

(3)设备联网主要功能检验,主要测试检验点如表5-12所示。

表 5-12 无线接入系统设备主要性能检查

网元名称	设备主要功能	设备主要性能	设备联网功能
Node B	工作频段、信道安排、测量功能	(1)发射机性能:基站最大输出功率、频率容限、输出功率动态调整、占用带宽、带外辐射、杂散辐射 (2)接收机性能:参考灵敏度、动态范围、邻道选择性(ACS)、阻塞特性、互调特性、杂散辐射 (3)其他性能:调制解调性能、处理能力、备份配置能力、可靠性 (4)操作维护性能	(1)承载业务:电路域业务、分组域业务、并发业务 (2)呼叫和释放流程、切换流程(软切换、硬切换、系统间切换) (3)同步:RNC 同步、Node B 同步、无线口时钟同步、IUB口时钟同步
RNC	系统信息广播、RRC 测量、移动性管理(寻呼、切换、小区选择和重选、SRNS 重定位)、无线资源控制(RRC 状态管理及控制、NodeB 逻辑资源管理、功率控制)	(1)最小容量:RNC 最大配置支持满配置的 Node B 数量;RNC 最大配置支持的 BHCA;RNC 的 CS 数据处理板和 PS 数据处理板 (2)备份配置能力 (3)操作维护性能	

5.9.2 核心网设备主要性能指标检验

(1)核心网系统主要功能检验;

(2)核心网系统主要业务功能检验;

(3)核心网系统联网功能检验。

其主要测试检验点如表5-13所示。

表 5-13　核心网设备主要性能指标检查

网元名称	设备主要功能	设备主要业务功能	系统联网功能
MSC SERVER	硬件测试、本机系统管理、性能统计管理、告警管理、同步管理、跟踪管理、补丁管理、网络级容灾功能、多信令点编码功能、媒体控制功能、跨本地网（大本地网）组网功能、IPQOS 功能	移动性管理、安全保密、呼叫处理功能、基本呼叫业务（电信及承载业务）、补充业务、智能业务、其他业务	各类接口及业务测试、电路管理、路由测试、计费校验拨打测试、数据检查
MGW	硬件测试、本机系统管理、性能统计管理、告警管理、同步管理、跟踪功能项目验收、补丁管理项目验收、网络级容灾功能	资源管理功能、承载媒体资源转换功能、语音处理功能测试、功能及承载通道功能测试、虚拟 MGW 功能测试	数据检查、各类接口及相关业务测试、链路管理、路由测试
HLR	硬件测试、本机系统管理、性能统计管理、告警管理、同步管理、跟踪管理、补丁管理、网络级容灾功能、热计费功能	移动性管理、基本业务功能、补充业务、智能业务、其他业务	各类接口及业务测试、链路管理、路由测试、数据检查
GGSN	硬件测试、本机系统管理、性能统计管理、告警管理、同步管理、跟踪管理、补丁管理、计费功能项目验收、系统大容量功能测试	会话功能测试、路由选择和数据转发功能、用户数据管理、GGSN 的用户认证功能、网络安全、合法监听功能项目、IPSEC 功能项目、基本业务项目	物理端口及 IP 路由数据检查
SGSN	硬件测试、本机系统管理、性能统计管理、告警管理、同步管理、跟踪管理、补丁管理、用户管理项目、话单项目、局数据管理测试、容余备份测试	安全性管理项目测试、移动性管理项目测试、会话管理项目、地址解析项目、系统切换项目、业务项目	SS7 管理项目、接口管理项目、物理端口及 IP 路由数据检查

5.9.3　网络优化

工程完工后，首先要进行工程优化调整，再转交维护部门。

工程优化是入网的基础，主要原因在于新建站开通后会让周边无线环境发生巨大变化，可能会导致无线环境恶化，导致网络性能下降或影响客户感知。

（1）入网前必须进行新建站基本数据检查。

（2）入网后必须对新建站无线性能进行评估。

（3）入网后必须对新建站路测性能进行评估。

（4）新建站数据制作模板由数据人员在每期工程前统一提供，该模板应该包括该期工程所有站型。

（5）每期工程数据制作时必须按照提供的模板进行制作，由优化人员在优化过程中进行检查。

（6）必须在完成数据检查后 3 日内完成无线性能分析与 DT 测试，并及时反馈问题。

（7）新建站开通后必须及时将基站开通信息发给相关人员，提供新建站的优化信息。

（8）工程优化要求达到预期的覆盖要求。

（9）工程优化结果需各参加单位、部门签字后，并移交给维护部门。

5.10　工程验收

5.10.1　基站机房验收

1. 验收要求

（1）机房建设工程的验收工作必须委托具有相应资质的土建工程监理单位进行随工验收和竣工验收。

（2）针对机房建设隐蔽部分的验收，应做到随工验收，验收由建设单位随工代表、设计单位、监理单位和施工单位共同参与。

2. 验收资料

（1）基站机房的验收须提供隐蔽工程检验记录，隐蔽工程验收记录表按土建专业相关标准执行。

（2）基站机房的验收必须提供机房平面图、屋面图，基础平面图、立面图、剖面图，工程材料审核情况，结构验收记录，开工报告，接地平面图，设备档案资料，电源分布图，接地系统分布图。

（3）基站机房的验收记录必须由建设单位随工代表、设计单位、监理单位、施工单位四方代表签字。

3. 验收表格

基站机房验收项目表如表 5-14 所示。

表 5-14　基站机房验收项目表

验收项目	验收内容	标准	验收结论	备注
机房结构	机房内面积	不小于 15 m²		
	机房内净高	不小于 2.8 m		
	机房屋顶必须具有避雷带	采用≥ϕ12 mm 的镀锌圆钢暗敷或明敷于女儿墙内或墙外		
	机房结构柱与水平梁的钢筋	必须全部采用"焊接"，屋面钢筋网与屋顶圈梁之间至少有 4 个焊接点		
	机房荷重	≥400 kg/m²，若不能满足应具相应的保护措施		
	新建机房接地极	接地系统埋设在房屋基础旁，引入机房部分预留在外		
机房防水防潮	机房屋顶防水及排水	屋面"找坡"并有防水层		
	机房屋顶排水	屋顶有 PVC 排水管		
	机房位置	基座水平高度应高于房屋四周，排水沟畅通		

验收项目	验收内容	标准	验收结论	备注
		机房采用密闭结构		
机房安全环境	租用的基站机房	玻璃窗用砖块封堵，其外墙应与整幢楼宇的外立面协调		
	机房孔、洞	所有窗、孔必须用防火泥封堵		
	野外机房围墙	2.5 m高，顶置碎玻璃		
墙面检查	墙面和顶板面	应为混合砂浆底，麻刀灰抹平，表面刷优质白色涂料或乳胶漆		
装修检查	机房门	安装有防火防盗门（外开）		
	机房地面	平整的水泥豆石地面或地砖铺设并进行防尘处理		
	机房装饰	采用白色涂料或乳胶漆，内饰美观整洁		
电气检查	机房内照明	有照明灯具，照度能够满足要求，照明必须有正常和应急两种照明		
	室内布线	空调、照明、插座三类线路独立布线，布线形式采用PVC阻燃走线槽，横平竖直		
	插座接线	插座接线按插座孔的左（孔）零（线）右（孔）火（线）上（孔）接地，同时必须接保护地线		
空调	空调排水管	位置合理，严禁影响周围居民的生活		
消防		机房内应安装2台手提式灭火器		
补充说明及总结：				
施工单位代表：	监理验收代表：	建设单位代表：	设计单位代表：	
日期：	日期：	日期：	日期：	

5.10.2 铁塔工程验收

1. 验收要求

（1）建设工程的验收工作必须委托具有相应资质的工程监理单位进行随工验收和竣工验收。

（2）针对铁塔建设隐蔽部分的验收，应由建设单位随工代表、监理单位、施工单位三方共同参与。

（3）铁塔基础验收必须填写附表，并有建设单位、监理单位、施工单位三方的代表签字。

（4）验收时施工方必须提供设计图纸、现场施工单、验收单，所有资料均需建设单位、施工单位、监理工程师三方人员签字、盖章。

2. 验收表格

铁塔支撑杆工程验收表如表5－15所示。

表 5-15　铁塔支撑杆工程验收表

验收项目	验收内容	标准	验收结论	备注
铁塔建设的基本要求	当地地质、气象资料	在铁塔设计文件中必须附当地的地质、气象资料		
	通向天线维护平台的爬梯	铁塔应安装通向天线维护平台带护圈的直爬梯，爬梯应固定稳固		
铁塔基础	确定绝对标高	确定±0.000相应的绝对标高，进行准确的定位放线		
	铁塔基础施工	不得采用爆破方法进行施工		
	坑（槽）检验	按设计要求		
基础用材料	水泥及标号	进场水泥必须具有出厂证、合格证、销售许可证，标号是否与设计相符		
	钢材	出厂质量证明书、合格证、加盖销售红章的销售许可证，钢筋型号是否与设计相符		
	钢材表面清洁	材料表面必须清洁除锈，经除锈后仍留有麻点的钢材严禁按原规格使用		
基础施工	现场钢材的加工	规格、形状、尺寸、数量、间距、锚固长度、接头设置符合设计要求		
	砼浇筑	砼浇筑时必须搅拌均匀，振捣密实，一次浇注成型		
	试压块	见证取样做试块两组		
铁塔构件质量	铁塔钢构件允许偏差	现场抽查		
	铁塔钢构件表明质量	现场抽查目测，用硫酸铜侵蚀，并经锤击试验		
铁塔安装	螺栓孔	不得采用气割扩孔		
	铁塔连接中的螺栓	铁塔连接中的螺栓必须采用防盗螺栓		
	螺栓的拧紧	螺栓必须拧紧		
	铁塔基脚螺钉	铁塔基脚螺钉必须涂抹凡士林并用C15混凝土包封		
天线支撑杆	支撑杆的支撑	5 m以上的支撑杆须做两层支撑		
	支撑杆安装	支撑杆安装必须整齐且垂直于水平线		
	支撑杆避雷系统	支撑杆避雷连接地必须满足设计要求		
走线架	室内、外走线架材质、安装工艺			

补充说明及总结：

施工单位代表：	监理验收代表：	建设单位代表：	设计单位代表：
日期：	日期：	日期：	日期：

93

5.10.3 交流引入和基站防雷接地工程的验收

1. 验收要求

（1）交流引入工程完工后应填写相应的《交流引入验收表》。

（2）每个机房的交流引入工程验收应提供以下材料：交流引入工程协议、开工报告、交流引入工程竣工资料（工程概况、线路及电气施工图、设备合格证书、安装实验报告、验收报告）。

（3）基站防雷接地工程根据实际施工过程中形成的资料进行验收。验收的主要内容是检查土质是否与设计相符，抽查焊接质量和保护防锈措施，检查地线坑深度、地极长度和深度、接地电阻等。

（4）验收记录必须由建设单位随工代表、监理单位、施工单位代表签字。

2. 验收表格

电源及防雷接地验收项目如表 5-16 所示。

B 级防雷器安装验收表如表 5-17 所示。

接地系统验收测试记录表如表 5-18 所示。

接地系统竣工验收记录表如表 5-19 所示。

表 5-16 电源及防雷接地验收项目表

验收项目	验收内容	标准	验收结论	备注
站点的交流引入	市电引入容量	市电引入容量应不小于 10 kW。		
	交流引入线穿墙进屋	墙体内必须穿管保护，保护管室内端高于室外端		
	新建野外机房交流引入	必须采用金属护套或绝缘护套电缆穿钢管埋地（围墙内部分）引入基站机房		
	电源线的连接	铜铝芯线相接时必须使用铜铝压接管压接		
	电源线的接头	电源线接头必须采用铜鼻子压接方式，严禁绕接，严禁断头复接形式		
基站的防雷接地系统		接地系统均采用联合接地		
	联合接地网的接地电阻	接地电阻值必须小于 5 Ω		
	铁塔地网与机房地网的连接	应每隔 3~5 m 在地下相互焊接联通一次，连接点不应少于两点		
	房顶铁塔地网的连接	铁塔四脚应与楼顶避雷带就近不少于两处焊接联通		
	接地体材料	应采用热浸镀锌钢管或角钢、接地模块、铜板等制作		
	单独埋设地线的防雷地、工作地、保护地	防雷地与工作、保护地的间距应在 5 m 以上		

验收项目	验收内容	标准	验收结论	备注
基站的防雷接地系统	接地引接点的处理	焊接点应当牢固、良好，焊接处及引出连接扁钢应采用沥青或沥青漆等做防腐处理。所有露于外面的连接处、螺丝均应涂抹凡士林		
	新建机房的接地系统预埋在房屋基础旁			
	室内外地线	严禁室内外地线混接（由室外引接到室内）		
供电系统的防雷接地	交流供电系统的防雷	防雷不得少于三级防雷		
	电力电缆与架空电力线路的接口	接口处的三根相线要加装一组氧化锌避雷器		
	野外电力线引入基站机房内	电力电缆金属护套或钢管两端应就近可靠接地，接地电阻值小于 5 Ω		
	基站内通信电源防雷保护系统	按 B 级防雷标准确定，分为三级结构		
室外天馈系统的防雷接地	铁塔避雷针	避雷针必须单独用扁钢引接（焊接方式）入地		
	基站天线	应在铁塔或天线支撑杆避雷针的 45 度角保护范围内		
	馈线	馈线应在铁塔上部、中部（铁塔高度大于或等于 60 m 时）和下部（离开铁塔前）分别作一次接地，在进馈线窗前应接到馈线窗外的防雷地排上		
	室外金属结构件	必须严格地就近良好接入室外防雷、避雷地		
室内设备的防雷接地	所有设备外壳和金属走线架	都要可靠接地		
	直流供电系统	整流器、控制器应安装浪涌抑制器		
其他设备的防雷接地	其他所有设备外壳和金属走线架等	都要可靠接地		

补充说明及总结：

施工单位代表：	监理验收代表：	建设单位代表：	设计单位代表：
日期：	日期：	日期：	日期：

表 5—17 B 级防雷器安装验收表

建设单位：	
安装单位：	防雷器通流量：
供货单位：	防雷器型号：
安装地点：	安装时间：
验收结果：	
建设单位代表： 安装单位代表： 供货单位代表：	

表 5—18 接地系统验收测试记录表

基站名称：		验收日期：	验收结论	备注
土方回填前验收情况				
验收内容	地坑大小及深度：　×　×　m			
	地坑数量：　　　　个			
	降阻模块型号：			
	降阻模块数量：　　　个			
	角钢或钢管型号：			
	角钢或钢管数量：　　个			
	铜板规格：			
	铜板数量：　　　　个			
	扁钢型号：			
	降阻剂数量：　　　kg			
	降阻剂调配：□合理　　□不合理			
	防雷地、保护地在地网中引出点距离大于 5 m： □合格　　□不合格			
	回填土质：□合格　　□不合格			
	防腐处理：□良好　□合格　□不合格			
	焊接质量：□良好　□合格　□不合格			
	施工质量：□良好　□合格　□不合格			

续表5－18

补充说明及总结：			
施工单位代表：	监理验收代表：	建设单位代表：	设计单位代表：
日期：	日期：	日期：	日期：

表 5－19　接地系统竣工验收记录表

工程名称			施工单位	
基站名称			施工地点	
开工日期			竣工日期	
验收内容	接地引入线规格：		mm²	
	接地引入线长度：		m	
	地线铜排型号：	×	×	mm
	接地引出扁钢固定情况：□合格　　□不合格			
	地线铜排固定情况：　□合格　　□不合格			
	接地引入线穿管情况：□合格　　□不合格			
	扁钢及连接点防腐处理：□合格　　□不合格			
	施工质量及工艺：□良好　　□合格　　□不合格			
	测试仪表：			
	接地电阻：　　　　Ω			
遗留问题解决时间及结果：				
验收结论：				
施工单位： 代表：		监理单位： 代表：	建设单位： 验收人员：	

5.10.4　基站机房空调的验收

1. 验收要求

①机房空调的验收由建设单位随工代表、监理单位代表、设备供应商代表、施工单位代表共同参与。

②机房空调的验收记录必须由建设单位、监理单位、设备供应商、施工单位四方代表签字。

2. 验收表格

无线基站空调验收项目如表 5-20 所示。

表 5-20　无线基站空调验收项目表

验收项目	验收内容及标准	验收标准	验收结论		备注
空调安装	室外机是否安装稳固	室外机安装稳固	□合格	□不合格	
	排水管	出水管位置合理，双出水管布放	□合格	□不合格	
	室内机的安装位置	按设计要求	□合格	□不合格	
空调功能性检查	空调的制冷功能	符合要求	□合格	□不合格	
	空调自启动温度可调	可调范围 15℃～30℃	□合格	□不合格	
	定时开关机功能	符合要求	□合格	□不合格	
	故障自诊断功能	符合要求	□合格	□不合格	
	故障存储功能和数据查询功能	符合要求	□合格	□不合格	
来电自启动功能	是否能自动恢复断电前的各项设置		□合格	□不合格	
监控接口检查	是否符合要求		□合格	□不合格	
补充说明及总结：					
施工单位	供应商	监理单位		建设单位	
验收代表：	验收代表：	验收代表：		验收代表：	
日期：	日期：	日期：		日期：	

5.10.5　电源系统验收

1. 验收要求

（1）基站开关电源系统的验收。

①测试项目：交流输入电压，直流输出电压、电流，输出杂音，稳压精度，浮充、均充电压和自动转换性能。

②检查各种告警功能：市电故障、熔丝故障、短路等保护动作可靠及告警电路工作正常。

③开关电源均、浮充的设定值应参照所配蓄电池的要求设定。

④对条件不具备，无法在每个基站安装现场测试的项目，如输入过压、欠压保护值，

输出过压、过流保护值，输出限流特性，可采取抽查方式验收，或要求设备厂家提供出厂验收测试记录。

（2）蓄电池的验收。

①验收时应检查蓄电池安装工艺、各单体开路电压和总电压。

②对条件不具备，无法在每个基站安装现场测试的项目，如充、放电试验，可采取抽查方式验收，或要求设备厂家提供出厂验收测试记录。

（3）交流配电箱的验收。

①机房内所有用电系统，如照明、空调、机房设备用电都从交流配电箱引出。配电箱内要有保护地线。

②空气开关单元按设计要求，严禁两个以上空调接在同一空气开关上。

③交流配电箱内走线应做到横平竖直、规整美观。

④交流配电箱的选型及摆布要符合设计要求。

开关电源系统验收测试项目如表 5-21 所示。

表 5-21　开关电源系统验收测试表

系统型号及配置容量					
验收项目	标准	记录	验收项目	标准	记录
系统适应工作环境			系统工作状态		
温度、湿度	温度：-5 ℃～50 ℃ 湿度<95%		均流	小于±5%	
电网电压波动范围	小于±30% 小于±25%		浮充电压		
			均充电压		
			低压保护值		
系统电气性能：			系统工作性能：		
接地装置	防雷、保护、工作		模块关断	手动、自动	
屏内压降	小于 400 mV，满载		模块均充	强制、自动	
直流配电	配电支路与保险应合理		电池管理	自动限流、自动、均浮充转换	
母排电压测量	范围：43～58 V		系统报警	掉电、相不平衡、过欠压	
模块输出电压测量	范围：43～58 V		系统报警	配电断、直流输出过低	
安装是否符合规范：			系统报警	模块输出电压过低或过高	
安装工艺：			通讯	远端或近端	

2. 验收表格

蓄电池终验测试报告内容如表 5-22 所示。

表 5-22 蓄电池终验测试报告表

基站名称			验收日期		
蓄电池型号及容量					
安装使用时间：			验收试验时间：		小时
机房温度		摄氏度	机房湿度		%
验收内容	安装工艺：□良好　　□合格　　□不合格				
	接头连接情况：□合格　　　□不合格				
	接头防腐处理：□合格　　　□不合格				
	铁架接地保护：□合格　　　□不合格				
	电池引出线规格：　　根　　×　　mm²				
	浮充测试		单只电压记录： 总电压：		
	放电测试		放电电流：　　A 放电时间：　　h 单只电压记录： 总电压：		
验收结论：					
备注：					
对安装验收中的遗留问题的解决结果					
建设单位： 验收代表：			厂商： 代表：		

交流配电箱的验收项目如表 5-23 所示。

表 5-23 交流配电箱的验收表

验收项目	验收内容	标准	验收结论	备注
交流配电箱	用电系统	机房内所有用电系统，照明、空调、机房设备用电都从交流配电箱引出。配电箱内要有保护地线	□合格　□不合格	
	交流配电箱的浪涌保护装置	交流配电箱内应有浪涌保护装置	□合格　□不合格	
	交流配电箱的空开单元	空开单元按设计要求，严禁两个以上空调接在同一空开上	□合格　□不合格	
	电源线的连接	铜铝芯线相接时必须使用铜铝压接管压接	□合格　□不合格	
	电源线的接头	电源线接头必须采用铜鼻子压接方式，严禁绕接，严禁断头复接形式	□合格　□不合格	

建设单位： 验收代表：	监理单位： 验收代表：	施工单位： 验收代表：

复习思考题

5.1　移动基站站址选择的基本要求是什么？

5.2　移动基站的防雷系统包括哪些主要内容？试说明各系统防雷接地的质量要求。

5.3　铁塔基础建筑有哪些主要工序？

5.4　自立式铁塔塔靴安装的质量要求是什么？

5.5　试编制自立式铁塔安装的一般要求和质量控制措施。

5.6　说明开关电源的安装要求。

5.7　说明基站设备安装要求。

5.8　馈线进入馈线窗处的质量要求是什么？

5.9　简述移动基站从选择站点开始至验收合格止，有哪些流程和主要工程量。

第6章 通信设备安装工程通用原则

[教学目标]

通信设备种类繁多，功能各异，但设备硬件安装有共同的原则，本章介绍设备安装工程中的通用性原则，具体实施中按设计文件和厂家提供的安装手册施工。

[教学要求]

通过本章学习，使读者掌握设备安装施工流程、设备安装前环境检查的内容，设备机座安装、设备机架安装、设备子架安装、设备缆线布放工艺的要求，掌握设备加电测试程序。

6.1 通信设备安装工程施工流程

通信设备安装工程施工流程如图6-1所示。

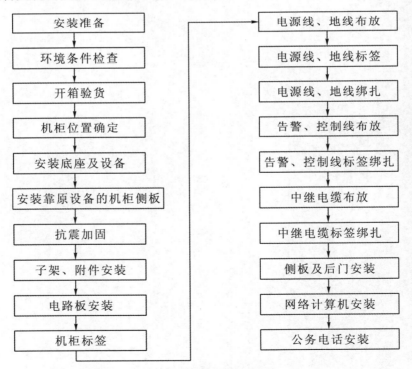

图6-1 设备安装流程图

6.2　安装环境检查

通信机房按专业分为电源机房、传输机房、交换机房、数据机房等，综合业务机房包括接入网机房、基站机房等。

通信设备安装前都应当对机房的安装环境条件进行检查。

（1）机房布局。

枢纽楼机房、长途局机房、汇接局机房，一般都按专业分配在不同楼层，在这种机房的设备安装，往往属于扩容工程，重点是检查本次工程中设备安装的位置、面积、配套电源、走线架等条件是否满足设计要求。

在接入网机房、基站机房进行设备安装前，还必须检查机房面积是否满足设计要求，并充分考虑以后扩容的需要。

（2）机房高度。

机房高度是指建筑梁或通风管下至机房地板上的净高度。机房高度应当充分考虑通风管、走线架占用的空间高度。设备走线一般可采用上走线或下走线方式。除交换机出入局电缆可采用下走线外，其他设备电缆原则上不采用上下两种走线方式。采用上走线方式时，机房高度不小于 3 m，采用下走线方式时机房高度不小于 2.7 m。大量的基站土建机房、租用机房、活动机房，其高度以满足基站设施的基本需要为宜。

（3）机房荷载。

施工前必须严格检查机房实际荷载能力，对不符合规范要求的机房，必须进行加固直到荷载能力满足设计要求为止。加固的实施方案，必须由专业设计单位做出设计，不得随意加固。不能满足要求又无法实施加固的，应重新选择机房。

（4）机房抗震。

通信设备的安装应当按当地建筑设计烈度进行抗震加固，满足通信机房抗震规范要求。达不到抗震要求又不能实施加固的，不能作为通信机房。

（5）机房地板。

防静电地板的铺设和支撑必须平整、牢固，每平方米水平误差应小于 2 mm。防静电地板应有良好的接地，防静电系统的电阻值应符合《通信机房静电防护通则》（YD/T 754—95）的要求。

走线架和孔洞：采用上走线时，应确认本次工程缆线的出入局孔位、机房内与其他设备的缆线走径是否与设计一致。采用下走线时，应确认地板下的暗管、地槽、孔洞是否满足本次工程布放缆线的需要，并为未来扩容留有余量。

（6）机房门窗。

机房门窗应符合电信专用房屋设计要求。租用房、基站机房，除满足防火、防尘、防水要求外，还应当具备防盗功能。

（7）机房内环境。

机房内应清洁、无尘、无腐蚀性气体、无外界废气侵入。机房内应无水管通过。

（8）机房温度和湿度。

通信机房的温度应在 0 ℃～40 ℃范围，相对湿度在 20%～90%内。

（9）机房空调。

为确保机房内通信设备长期正常运行，机房内应安装空调、排风系统。空调的温度调节范围应在 18 ℃~28 ℃，湿度调节范围应在 30%~75%。机房排风窗口不应在走线架或设备列架的正上方。

（10）电磁辐射防护。

通信机房应远离大功率的发射台、雷达站、高频大电流设备。机房遭受的电磁辐射电场强度应控制在 300 mV/m 以下，机房周围的磁场强度应小于 11 Gs。基站机房不能选择在电力线路的下边，与平行电力线路也应保持安全隔距。

（11）静电防护。

对机房设备破坏性最大的静电感应主要来自输电线路和雷电感应。机房内的走线槽道、金属构件、机架等均应有良好的接地，防静电地板及其支撑架也应有良好的接地，接地连接的工艺要求和系统接地电阻值应符合设计要求。

（12）机房照明。

机房照明在满足维护需要的前提下还应考虑节约能源，并且必须日常照明、备用照明、事故照明三套照明系统齐备。

（13）机房防火。

通信机房防火设施应达到《建筑设计防火规范》和电信企业制定的机房安全规范，配备足够的消防设施，悬挂"重点防火""严禁烟火"等警示牌。

（14）机房防雷与接地。

机房防雷与接地应符合《通信局（站）防雷与接地工程设计规范》（YD/T 5098—2005）。由于雷电的侵入会对通信设备造成极大的损害，在设备安装前必须对通信机房的接地系统进行严格检查，确保为设备提供可靠的接地条件。

（15）机房供电。

三相交流电源：380 V±10%；单相交流电源：220 V±10%。交流供电频率为 50 Hz±5%，波形失真小于 5%。

直流电源：国内通信机房电源设备的电压标称值为－48 V，允许波动范围为－57 VDC~40 VDC。UPS 的输入电压为 220 V±10%、50 Hz±5%。

6.3　工具仪表准备

设备安装前，应根据本次工程的需要准备各工序需要的工具仪表。一般应有开箱工具、定位划线工具、机座机柜安装工具、接地系统及安装连接测试仪表等，如表 6－1 所示。

表 6－1　工具仪表准备

工具名称	用途
记号笔	机座和设备定位划线、孔位标记
划线模板	机座在地板上的定位模板

工具名称	用途
冲击钻及各型钻头	地板上定位钻孔
电锯	切割地板，确定机座位置和下线孔
吸尘器	用于吸附钻孔或切割后的灰尘
橡胶锤	用于敲击膨胀螺栓及其他不宜用铁锤的地方
扳手	固定各部位螺栓、螺母
垫片	机座垫片，用于调整机座水平
力矩扳手	紧固机座、机柜的连接螺栓
水平尺	用于调节机柜水平
铅锤	测量机柜垂直度
扳手	调节机座高度
万用表	测量机柜支脚和膨胀螺栓间的绝缘电阻值
地阻仪	测量接地系统的对地电阻值
资料文档盒	收集安装工程中各种技术资料

6.4　技术资料准备

技术资料包括施工图设计文件、厂方提供的设备硬件安装手册、机房及配套设施验收文件、各工序安装记录表格等。

6.5　进场设备、材料检验

设备、材料的质量是设备安装工程质量好坏的基础，所以监理人员和施工单位的质量负责人应对施工所用的设备、材料按设计要求进行下列检查，并予以签认。

（1）施工单位的质量负责人应会同建设单位、监理工程师、供货单位对进场的设备和主要材料的品种、规格型号、数量进行开箱清点和外观检查。

（2）核查通信设备合格证、检验报告单原始凭证、通信设备入网许可证以及抗震设防地区公用通信网中使用设备的抗震性能检测合格证。

（3）当材料型号不符合施工图设计要求而需要其他器材代替时，必须征得设计和建设单位的同意并办理设计变更手续。

（4）对未经监理人员检查或检查不合格的工程材料、构配件、设备，监理工程师应拒绝签认，并书面通知承包单位限期将不合格的工程材料、构配件、设备撤出现场。

6.6　电缆走道、槽道安装

对电缆走道、槽道安装，监理单位要求施工单位按施工图设计施工，在施工工艺上要求做到整齐、美观、牢固，按下列各条经监理人员检验合格后，予以签认。

（1）电缆走道、槽道的平面位置应符合施工图的平面位置要求，偏差不得超过50 mm。

（2）列走道或列槽道应成一条线，水平偏差不得超过 30 mm。高度按照施工图设计要求，施工图设计未要求高度时，列走道或列槽道的梁下沿应高出机房规划最高机架50 mm，偏差不宜超过 20 mm。

（3）连固铁与上梁连接应牢固、平直、无明显弯曲，电缆支架应安装端正、牢固、间距均匀。

（4）主电缆走道（主槽道）宜与列走道（列槽道）立体交叉，高度符合施工图设计要求；施工图设计未要求高度时，可根据主电缆走道（主槽道）上梁支铁或机房净高度与建设单位代表协商确定。

（5）槽道侧板、盖板和底板应平齐完整，零件齐全，缝隙均匀，没有直观上的凸凹不平现象。

（6）列间撑铁应在一条直线上，两端对墙加固应符合施工图设计要求。

（7）吊挂安装应牢固，保持垂直，位置应符合施工图设计要求，膨胀螺栓打孔位置不宜选择在机房主承重梁上，确实避不开主承重梁时，孔位应选在距主承重梁下沿120 mm以上的侧面位置。

（8）铁件的漆面应完整无损，如需补漆，其颜色与原漆色应基本一致。

（9）光纤护槽宜采用支架方式，安装在电缆支铁或梁上，应牢固、平直、无明显弯曲。

（10）光纤护槽在槽道内的高度宜与槽道侧板上沿基本平齐，尽量不影响槽道内电缆的布放，在主槽道和列槽道过渡处和转弯处可用圆弧弯头连接。

（11）光纤护槽的盖板应方便开合操作，位于列槽道内部分的侧面应留出随时能够引出光纤的出口。

（12）走道、槽道的安装方式应符合《电信机房铁架安装设计规范》（YD/T 5026—2005）。

6.7 机柜位置确定

按照施工图设计中的设备位置平面图，检查测量机柜安装的位置是否满足设计要求，机座位置与防静电地板支架有无抵触，应尽可能保持静电地板支架的完整。若机座与支架抵触不可避免，则应将抵触处支架去除后在机座近处对地板进行支撑以确保地板的稳定。按照机柜布放位置将划线模板放置在地板上，利用模板在地板上标记出膨胀螺栓孔位置，划线确定机座机柜的位置，并用水平尺测量水泥地板表面的水平度。位置标记划定后，用冲击钻在水泥地板上钻孔，钻孔时用力垂直，根据膨胀螺栓长度确定孔深，但不得超过90 mm。打孔完成后应用吸尘器吸净灰尘，并测量孔距、孔径、孔深是否符合设计规定和安装要求。

6.8　机柜、机座安装

机座安装适用于有防静电地板的机房，按照机座定位划线的位置，将支撑机柜的机座安装在水泥地板上。机座安装完毕其顶面应平整，并应高于防静电地板上表面约 10 mm，以保证机柜门的正常开关。

无防静电地板的机房，机柜底脚的结构有所不同，但机柜的划线定位、安装方法与上述相同。

通过机柜底部的调整螺母调节机柜高度和水平度。机柜的垂直度、水平度偏差应符合设计要求，机柜的东南西北四个面应与机房的墙面平行（租用的异型房屋除外）。

机柜安装完毕并符合设计要求后，用压板压住底脚，套入绝缘垫圈、平垫、弹垫、螺栓将机柜固定好，然后用扳手紧固，紧固力矩应达到 45 N·m。

机柜底脚需用专用抗震加固件进行加固的，应按厂家提供的安装说明进行安装，并符合抗震设计规范要求。

绝缘测试：用万用表电阻挡测试机柜底脚金属部分与膨胀螺栓间是否绝缘，如有短路现象，应检查绝缘垫片是否损坏或漏装。

租用机房，应在机柜底脚采取降噪措施，尽可能减少设备震动噪声对民居的影响。

6.9　机架、子架安装

机（列）架、子架施工应做到横平竖直，经监理人员检查符合下列各条要求并签认后，施工人员方可进行下一道工序的施工。

（1）各种机架安装位置应符合施工图设计要求，其偏差不得大于 10 mm。

（2）各种机架安装应端正牢固，垂直偏差不应大于机架高度的 1‰。

（3）列内机架应相互靠拢，机架间隙不得大于 3 mm 并保持机架门开关顺畅；机面应平直，每米偏差不大于 3 mm，全列偏差不大于 15 mm。

（4）机架应采用膨胀螺栓对地加固，机架顶部宜采用夹板（或 L 形铁）与列槽道（列走线架）上梁加固。所有紧固件应适度拧紧，同一类螺丝露出螺帽的长度基本保持一致。

（5）在需要抗震的地区，机架安装按施工图设计要求进行抗震加固。

（6）光纤分配架（ODF）、数字配线架（DDF）、UTP 配线架配套端子板的位置、安装排列顺序及各种标识应符合施工图设计要求，ODF 架上法兰盘的安装位置应正确、牢固、方向一致，盘纤区固定光纤的零件应安装齐备。

（7）子架安装位置应符合施工图设计要求，安装的高度一般应方便用户日常维护操作。

（8）子架与机架的加固应牢固、端正，符合设备装配要求，不得影响机架的整体形状和机架门的顺畅开关。

（9）子架上的饰件、零配件应装配齐全，接地线应与机架接地端子可靠连接。

（10）子架内的机盘槽位应符合施工图设计要求，机盘安装应排列整齐，插接件接触良好。

（11）子架上和子架内机盘上安装的缆线、光纤应排列整齐美观，标识应清晰、准确、文字规范，方便日常维护操作。

（12）机架及其部件接地线、电源线应安装牢固。防雷地线与设备保护地线安装应符合施工图设计要求，机架应分别就近接地，不能几个机架复联以后在一处接地。

（13）拔盘钥匙、防静电手环、插拔光纤连接器工具等附属零件应安放在方便操作的位置。

（14）网管设备的安装位置及主机的安装加固应符合施工图的设计要求，操作终端、显示器等应摆放平稳、整齐。

（15）机柜、子架安装完成后，应当及时按厂家提供的标签格式制作标签。

6.10 线缆布放、绑扎及成端

线缆布放、绑扎及成端的质量控制重点应是：布放顺直、绑扎均匀、成端整齐、连接可靠。本阶段施工内容较多而且繁杂，所以监理工程师应对各个工序逐项检查，对于隐蔽部分还要旁站监理，线缆工序完工后予以签认。

6.10.1 布放线缆

（1）敷设的电缆及光纤连接线的规格、程式应符合施工图设计要求，电器特性符合国家或部颁标准。

（2）电缆及光纤连接线的路由走向应符合施工图的规定；设备信号电缆与交流电源线应分走道布放，若在同一个槽道内或走道上布放时，其间距应大于 50 mm。

（3）线缆两端出线应整齐一致，余留长度应满足维护要求。

（4）槽道内或走线架上布放电缆及光纤连接线，应顺直、整齐，无明显扭绞或交叉。拐弯应均匀圆滑，光纤连接线拐弯处曲率半径不小于 40 mm；电缆拐弯处曲率半径不小于电缆直径或厚度的 10 倍。

（5）布放的电缆、光纤连接线及数字跳线不得有中间接头。

特别提示：机房内、设备间任何缆线不得成圈成捆绑扎，不得将多余缆线堆放在设备机柜上或子框内。

6.10.2 绑扎光纤连接线

（1）光纤连接线在槽道内应该加套管和线槽保护，无套管保护部分宜用活扣扎带绑扎，绑扎应松紧适度。

（2）绑扎后的光纤连接线在槽道内应顺直，无明显扭绞。

6.10.3 布放数字配线架跳线

（1）跳线电缆的规格、程式应符合设计文件或技术规范要求。

（2）跳线的走向和路由应符合设计规定。

（3）跳线的布放应顺直，捆扎牢固、松紧适度。

6.10.4   电缆成端和保护

（1）电缆的端头处理：余留长度应统一，电缆各层的开剥尺寸应与电缆插头对应部分相契合；芯线焊接端正、牢固，焊锡适量，焊点光滑、不带尖、不成瘤形。组装电缆插头时，配件齐全，位置正确，装配牢固。

（2）屏蔽线的端头处理：剖头长度一致，与连接插头的接线端子的外导体接触良好。

（3）剖头处需加热缩套管时，热缩套管长度统一适中，热缩均匀。

（4）各类缆线布放、绑扎后均应及时按厂家提供的标签格式制作标签。

6.10.5   同轴电缆的布放

（1）应当严格按照设备厂家提供的操作程序施工。

（2）同轴电缆的连接头制作必须符合要求，并做芯线与屏蔽层的绝缘测试。

（3）射频同轴电缆不宜短距离内连续弯曲，必须弯曲时其半径应大于线径 20 倍。

（4）铁塔避雷针的雷电流引下线不允许顺馈线引下。

（5）不允许防雷地线与馈线从同一窗口进入。

6.11   设备测试

6.11.1   设备加电前环境检查

（1）机房电源系统应能为本工程提供正常用电条件。

（2）机房空调能正常工作，机房环境温度、湿度满足设备工作条件。

（3）机房照明正常。

（4）硬件安装后已对现场进行清理。

6.11.2   设备加电前硬件检查

按照施工设计图纸对以下各项进行严格检查：

（1）设备各种标签齐全、正确。

（2）设备位置与设计相符。

（3）机柜内各种电路板数量、规格、位置与设计图纸相符。

（4）电源架、设备架各种熔丝规格符合设计要求。

（5）列架、机架接地良好，正、负极间绝缘良好。

（6）机柜的抗震加固已经满足规范要求。

6.11.3   设备加电测试

（1）设备加电前应将设备电源盘电容放电，然后再逐一插入单盘。

（2）设备通电后，应先消除各系统的告警信号，然后再进行测试。

（3）根据不同类型的设备，按照设计文件的要求对各项性能指标进行测试。

（4）设备软件指标测试应符合设计要求。

（5）根据设计要求和厂家提供的测试表格，记录记全各种测试数据，并经测试人员、监理人员双方签字。

复习思考题

6.1 试叙述设备安装施工流程。

6.2 设备加电测试有哪些工序？

6.3 设备安装前环境检查的内容有哪些？

6.4 简要叙述设备/器材进场质量检验的工作内容。

6.5 根据教学内容（和现场参观实习记录），试编制设备安装流程和机架、子架安装工艺质量要求。

第7章　FTTH组网原则与施工技术

[教学目标]

　　为适应通信网的高速发展，满足人们宽带通信的需求，中国的电信运营商开始大规模地建设光纤到户（FTTH）通信网络。

　　本章介绍基于无源光网络（EPON）技术的光纤到户（FTTH）工程的组网原则与工程施工要求。本章对 EPON 网络结构、光网络单元（ONU）设置、光分配网（ODN）的拓扑结构和功能进行了介绍。本章中还插入了工程现场的实际图片并进行标识说明，结合工程典型案例进行教学。

[教学要求]

　　通过本章学习，使读者熟悉和掌握 FTTH 的系统架构、网元设置及各种设备的配置原则，并熟悉和掌握 FTTH 工程中各类光缆的布放方法、各类设备的安装要求和施工技能。

7.1　FTTH 的系统架构

　　基于以太网方式的无源光网络（EPON）是一种采用点到多点（P2MP）结构的单纤双向光接入网，其典型拓扑结构为树形或星形，由网络侧的 OLT、光分配网（ODN）和用户侧的 ONU 组成，图 7-1 所示为 EPON 协议分层和 OSI 参考模型间的关系。

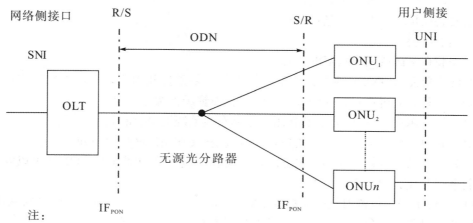

注：

R/S：参考点

IF_{PON}：PON 专用接口

ODN 中的无源光分路器可以是一个或多个光分路器的级联

图 7-1　EPON 网络结构图

　　根据 ONU 摆放的位置，EPON 系统的应用包括 FTTH、FTTO、FTTB、FTTC 等场合。

　　ONU 负责与 OLT 之间的信息互通，对于 FTTH 应用，ONU 设置在住宅用户处，可通过内置用户网络接口的方式为用户提供以太网/IP 业务、TDM 专线业务、VoIP 业务或 CATV 业务的接入。

7.2　FTTH 的网元设置

7.2.1　OLT 的设置

　　工程建设中，FTTH 项目所占用的 OLTPON 口应与 FTTB/N 项目分开。本地网建设中，在部署 FTTHOLT 时，须严格遵循 FTTH 项目不与 FTTB/N 项目共用同一张 PON 板的原则，部分基础设施较好的本地网，可根据当地基础设施配套状况，为 FTTH 项目单独建设 OLT 网络。

　　OLT 放置在中心机房节点：可全距离覆盖，最大限度发挥 PON 技术传输距离远的特点，适合初期 FTTH 用户较少的情况。

　　OLT 放置在现有的模块局接入点：覆盖距离适中，维护方便，发挥了 PON 技术传输距离远的特点，非常适合大规模的 FTTH 部署。

　　OLT 放置在新建小区接入点：覆盖距离较短，维护较方便，适用于 FTTH 全面应用后对远离现有局点的新建区域用户全面覆盖。

　　OLT 设备与接入光缆 ODF 宜在同一机房，避免中间光缆跳接。

7.2.2　ONU 的设置

　　按照光纤到户（FTTH）原则，光网络单元（ONU）应尽量安装在用户家中，根据用户要求，通常有三种安装方式：

　　①安装在预埋的综合信息箱中；

　　②挂墙明装方式；

　　③安装在桌面或用户指定的位置。

　　光网络单元（ONU）应根据建筑物提供的安装条件和用户要求，因地制宜，选择合适的安装位置。应避免安装在潮湿、高温和有强磁场干扰源的地方。

　　对于住宅用户，ONU 宜安装在用户家庭布线系统汇聚点的同一位置。

　　对于有内部局域网的企事业用户，ONU 应安装在用户网络设备处。

　　当光缆无条件直接到达用户家庭时，在安装环境许可的情况下，ONU 可以安装在楼层的弱电竖井或其他合适的位置。

　　ONU 设备安装位置附近应能提供 220 V/30 W 交流电源，并带接地保护的三孔插座。为保证断电时语音业务的正常开展，可以根据需要提供 ONU 省电模式。

7.2.3　ONU 的设备形态

　　根据用户市场及业务需求，ONU 可提供以太网/IP 业务（GE、FE）、TDM 数据专线业务、VoIP 业务或 CATV 等业务的接入以及相应的接口。

　　FTTH 下 ONU 设备宜采用桌面式、盒式，易安装于住户家里桌面上或者壁挂在墙上。

7.3　ODN 拓扑结构和组网原则

7.3.1　光分配网（ODN）的组成和基本功能

　　（1）光分配网定界。

　　如图 7-2 所示，光分配网（ODN）位于 OLT 和 ONU 之间，其定界接口为紧靠 OLT 的光连接器后的 S/R 参考点和 ONU 光连接器前 R/S 参考点。

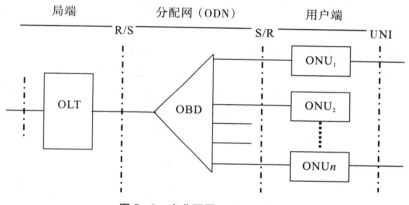

图 7-2　光分配网（ODN）定界

　　从光分配网（ODN）组成网络结构来看，光分配网由馈线光纤、光分路器和支线组成，它们分别由不同的无源光器件组成，主要的无源光器件有：

　　①单模光纤；

　　②光分路器（ODB）；

　　③光纤连接器，包括活动连接器和冷接子。

　　（2）光分配网（ODN）的基本功能。

　　光分配网（ODN）将一个光线路终端（OLT）和多个光网络单元（ONU）连接起来，提供光信号的双向传输。

7.3.2　ODN 基本结构

　　光分配网络（ODN）是一种点对多点的无源网络，按照光分路器的连接方式可以组成多种结构，其中，树形为最常用结构。

　　树形结构有两种基本形式。

　　（1）当 OLT 与 ONU 之间按一点对多点配置，即每一个 OLT 与多个 ONU 相连时，中间有一个光分路器（OBD）时构成如图 7-3 所示的树形结构（一）。其优点是跳接少，减少了光缆线路全程的衰减和故障率，便于数据库管理，同时在建设初期用户数量较少、分布松散时，可节约大量 PON 口资源，缺点是光分路器后面的光缆数量大、对管道的需求量大，特别在光分路器集中安装时不宜采用这种结构。

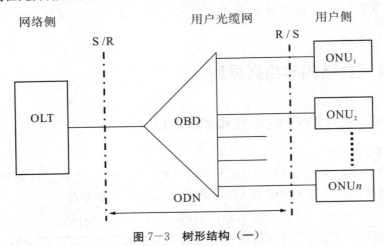

图 7-3　树形结构（一）

（2）当采用两个或两个以上光分路器（OBD）按照级联的方式连接时就构成如图7-4所示的树形结构（二）。优点是由于光分路器分散安装减少了对管道的需求，适用于用户比较分散的小区，缺点是增加了跳接点，即增加了线路衰减，出现故障概率增加，而且数据库的管理难度增加，同时在建设初期用户数量较少、分布松散时，PON 口资源利用率较低。

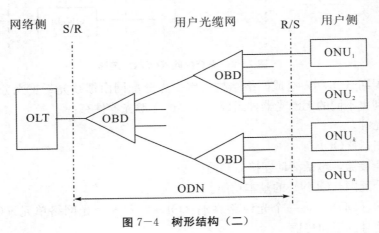

图 7-4　树形结构（二）

7.3.3　ODN 的组网原则

（1）ODN 结构的选择。

①在选择 ODN 结构时，应根据用户性质、用户密度的分布情况、地理环境、管道资源、原有光缆的容量，以及 OLT 与 ONU 之间的距离、网络安全、可靠性、经济性、操作管理和可维护性等多种因素综合考虑。

②ODN 以树形结构为主，分光方式可采用一级分光或二级分光，但不宜超过二级，设计时应充分考虑光分路器的端口利用率，根据用户分布情况选择合适的分光方式。

③一级分光（如图 7-3 所示），适用于新建商务楼、高层住宅等用户比较集中的地区

或高档别墅区。

④二级分光（如图 7-4 所示），适用于改造住宅小区，特别是多层住宅、高档的公寓、管道资源比较缺乏的地区。

⑤一般不采用非均分光分路器。

（2）ODN 与用户光缆网的对应关系。

ODN 由馈线光纤、光分路器和支线组成，而用户光缆网在物理结构上通常可分为三个部分，即主干光缆、配线光缆、驻地网光缆。

①主干光缆部分：通常由用户主干光缆和一级光交接箱组成。

②配线光缆部分：通常由一级和二级配线光缆、二级光交接箱和光分配箱组成。

③驻地网光缆部分：通常由大楼内或小区内部的接入光缆、光网络箱和光缆终端盒组成。

根据光分路器设置地点的不同，ODN 各部分与用户光缆设施的对应关系如表 7-1 所示。

表 7-1　ODN 各部分与用户光缆设施的对应关系

光分路器设置位置	一级光交接箱	二级光交接箱 光分配箱	楼道光网络箱
ODN 馈线部分	主干光缆	主干光缆、配线光缆	主干光缆、配线光缆、接入光缆
支线部分	配线光缆 接入光缆 入户光缆	接入光缆 入户光缆	入户光缆

在设计保护系统时，应注意系统保护部分和用户光缆网的对应关系，要考虑相应光缆和设施的保护。

（3）光分路器设置位置。

光分路器在用户光缆网中的位置有如下四种情况：

①当采用一级分光方式时，光分路器设在驻地网时，光分路器可安装在室内或室外，室内安装位置包括电信交接间、小区中心机房、楼内弱电井、楼层壁嵌箱等位置。光分路器上连光缆可分别来自一级光交接箱、二级光交接箱或光分配箱三种形式。此种方式主要适用于已建成的用户光缆网和小区规模较大且用户密度较高而集中的高层住宅或商务楼等，也适用于用户驻地有条件设置光分路器并有足够的管道资源的小区，例如高档别墅区等。

②当采用一级分光方式时，光分路器可设在主干层或配线层，光分路器可安装在一级光交接箱、二级光交接箱或光分配箱内，如图 7-5 所示。这种方式适合于用户非常分散的情况及新建的用户光缆网。

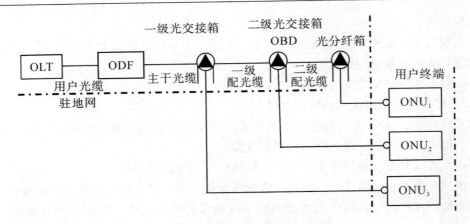

图7-5 一级分光无源光网络结构图

③当采用二级分光方式，一、二级光分路器均设在驻地网时，第一级光分路器可安装在小区中心机房、电信交接间或光交接箱，第二级光分路器可安装在楼内弱电井、楼层壁嵌箱等位置。光分路器上连光缆可分别来自一级光交接箱、二级光交接箱或光分配箱，如图7-6所示。此种方式比较适合于改造多层或高层住宅楼等。

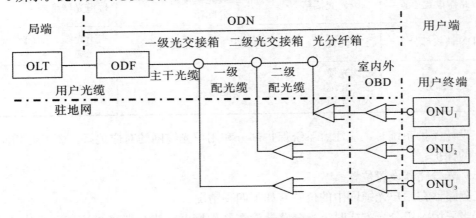

图7-6 二级分光无源光网络结构图（一）

④当采用二级分光方式时，第一级光分路器也可安装在光交接箱或分配箱内，第二级光分路器设在驻地网，连接方式如图7-7所示。此种方式主要适用于接入分散的、组合成小群的用户。

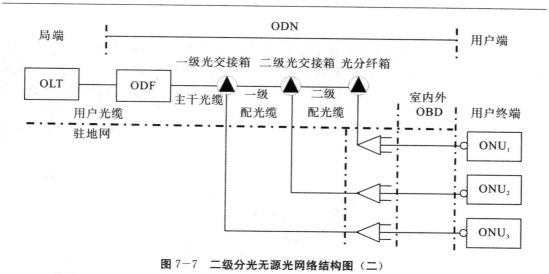

图 7-7　二级分光无源光网络结构图（二）

7.4　FTTH 建设场景策略分析

　　首先，从网络发展的角度看，FTTH 是接入网的终极目标。中国电信、中国联通原有的接入网建设是以 FTTN/B 模式为主进行建设的，铜缆和接入设备间的土建成本很高，用户带宽受到铜缆长度的限制。理论分析和计算表明，光纤接入（FTTH）的最优覆盖半径是铜缆接入（FTTN/B）的 2～3 倍。FTTN/B 模式下建设的接入局点在接入网向 FTTH 演进时，大部分会逐步退网。

　　从建设成本上看，光缆的采购价格已低于相同线对数（纤芯数）的铜缆，且铜缆价格仍在不断上升，而光缆的施工费用在逐步下降。随着 PON 技术不断成熟以及在国外的大规模商用，EPON 设备（含分光器）的总价已经下降到相对较低的价格。在城市地区典型的用户分布情况下（3 000 户/平方公里），基于 PON 的 FTTH 建设模式，每用户的成本已经接近于 FTTN/B 模式，因此，应大规模推广 FTTH 建设。

7.4.1　新建区域建设模式分析

　　根据《光纤到户工程驻地网建设规范》的相关要求，在新建区域及改造别墅小区主要建议采用一级分光和集中与分散相结合的放置方式，覆盖范围根据园区（住户集中程度、是否有机房）实际情况决定，在开发商提供小区机房的情况下，可根据小区规模安装 288 芯壁挂式无跳接光交接箱和 720 芯开放式光缆配线架。在开发商未提供小区机房的情况下，按照每个分光区覆盖用户数配置 288 芯或 576 芯无跳接光交接箱。

　　（1）新建或者改造的高档别墅区（独户式）。

　　针对高档别墅用户密度较低的特点，在分光器的选择上应根据用户数量尽量选用大分光比一级分光的方式来为用户提供 FTTH 的接入，而分光器应尽量放在靠近别墅群中心区域的光分配箱中，通过别墅小区光分配箱来实现对整个小区多栋别墅的全面覆盖。

　　模型假设：54 栋独户式的别墅，共计 54 户人。

　　一级分光，设置 1 个 1：64 或两个 1：32 分光器。OLTPON 端口配置 1～2 个，OLT

放置在电信局房。

ODN 基本采用一次分光相对集中放置，根据用户分布及园区管道网络结构的情况，将整个别墅小区按照每个分光区覆盖约 256 户的原则划分为若干个分光区，在各个分光区管道适中的位置设置 288 芯无跳接光交接箱作为一级光网络箱，将光分路器集中安装在一级光网络箱内，每个用户单元引入 1 芯光缆，网络拓扑结构如图 7-8 所示。

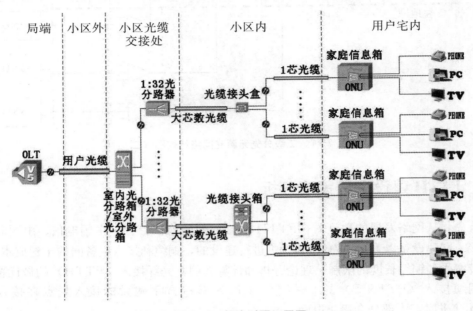

图 7-8 新建别墅组网图

（2）新建高档公寓楼。

相对于别墅小区，高档公寓因其住户多、密度大的特点应在分光器安装位置选择上有所区别。依据一个分光区覆盖 256~512 户的原则，结合每个单元的用户数量设置分光区，在单元地下室或弱电进口附近的小区地面设置 288~576 芯无跳接光交接箱作为一级光网络箱，并针对楼宇住户数的不同做出相应的分光器数量调整，分光器建议采用一级分光的方式保证其配置的灵活性，并应尽量选用分光比大的分光器。新建高档公寓楼的组网如图 7-9 所示。

模型假设：假设有 3 栋住宅楼宇，高 20 层，每栋每层有 4 户住户，共 240 户。

从物理网光交接箱布放 12 芯光缆到中间楼栋地下室，在地下室设置 288 芯无跳接光交接箱 1 台来覆盖 3 栋楼 240 个用户。根据户线光缆规模，按 1∶1 布放配线光缆，收敛在楼栋光交接箱内，采用一级分光模式，楼栋光交接箱初期配置 1 台 1∶64 的分光器，需要的 PON 端口数为 1。后期根据用户量扩容分光器，按照每台 1∶64 分光器覆盖 64 户，装机用户超过 60 户时应扩容 1 台 1∶64 分光器，预计终期需 4 台 1∶64 分光器，占用 4 个 PON 口。

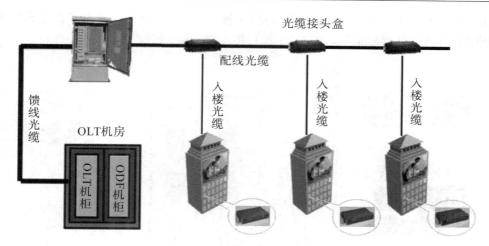

图 7-9　新建高档公寓楼组网图

（3）新建高档商务楼。

①用户分类：

企业用户按企业人数可分为 Micro/SOHO 类企业（1～9 人）、中小型企业数量（10～49 人）、大型企业（50 人以上）。据咨询公司统计，Micro/SOHO 类企业占到企业数量的绝大多数（＞95％），但是价格承受能力差，这类企业的电信支出很少；中小型企业数量占到总量的少部分（3％～5％），有相当的价格承受能力，这类企业的电信支出约占总规模的一半；大型企业数量非常少（＜1％），但是电信费用支出很大，这类企业的电信支出约占总规模的一半。本场景针对主要客户为中小企业的商业楼宇。

②楼宇特点：

专用于出租，多家企业进驻。

进驻企业以中小企业为主（少于 200 人）。

前期需求不明确，进驻企业数量难以预测，存在进驻率较低这种可能性。

机房每平方米租金较高，楼宇物业一般不为运营商提供机房。

一般都会布好双绞线或五类线资源，高档楼宇还可能敷设有光纤资源；一般均配备有配线间、竖井/弱电井，弱电井中可放置弱电箱。

③业务需求：

主要业务为数据及语音业务，数据业务对上行带宽有要求。

此种情况可根据户线光缆规模，按 1∶1 布放配线光缆，但在各个皮线光缆接入点采用活接头的方式收敛在汇聚点内，根据用户需求将皮线光缆与配线光缆进行跳接。采用一级分光模式，初期配置 1 台 1∶64 的分光器，需要的 PON 端口数为 1。后期根据用户量扩容分光器，按照每台分光器覆盖 60 户，装机用户超过 60 户时相应增加 1 台 1∶64 分光器。

对于城区新建的商业楼宇，一般不应再采用新建铜缆的方式提供语音及数据业务。如图 7-10 所示，针对中小企业用户可考虑 FTTO 建设模式。

用户侧采用 A 类 ONU 接入，通过 FE/GE 连接用户侧的企业路由器，通过路由器下挂交换机或语音 IAD 网关/IPPBX，分别提供宽带或语音业务。

用户侧配置 SBU（带有 FE/GE 接口及 E1 接口的 ONU 设备）接入，通过 SBU 连接用户侧的路由器提供宽带业务，通过 E1 接口接入用户的 PBX。

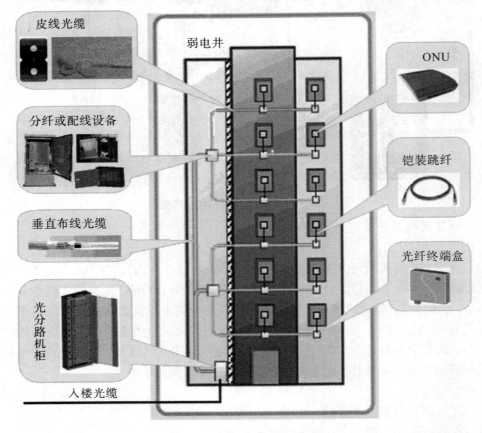

图 7—10　新建高档商务楼组网图

（4）改造区域建设模式分析。

根据《光纤到户工程驻地网建设规范》的相关要求，在对商业、住宅楼进行 FTTH 改造时，应主要采用大范围、薄覆盖方式，即在第一步建设时主要为改造区域提供高带宽接入能力的覆盖，第二步再结合用户装机需求进行入户光缆的建设。

因此，对改造商业、住宅小区宜采用二级分光模式，将改造区域按照每 2 000 户划分一个分光区的原则划分为若干个分光区，每个分光区设置一台 288 芯无跳接光交接箱作为一级光网络箱，内置 1~32 台 1：8 插片式分光器（一级），在改造小区每个单元根据用户分布安装 1~N 台楼道二级光网络箱，箱内初配一台 1：4 或 1：8 插片式分光器（二级），为该单元住户提供高带宽接入能力。

在建设初期，只进行垂直光缆通道的建设、接入光缆的布放、楼道光网络箱的安装，根据用户装机需求，再进行水平光缆通道的建设、入户皮线光缆的穿放及成端、二级分光器的安装。

7.4.2　投资分析

分别以高层电梯住宅、小高层住宅、别墅小区、改造小区场景为例，对 FTTH 新建项目进行抽样分析，其投资分析如表 7-2 所示。

表 7-2　FTTH 新建项目进行投资分析　　　　　　　　　　　单位：元

小区类型	投资包含内容	平均每户投资	其中皮线光缆投资
高层	配线光缆、一级光网络箱、一级分光器、引入光缆、楼道分纤箱、入户皮线光缆及成端	740	210
小高层	配线光缆、一级光网络箱、一级分光器、引入光缆、楼道分纤箱、入户皮线光缆及成端	700	240（含面板）
别墅	配线光缆、一级光网络箱、一级分光器、引入光缆、入户皮线光缆（室外型）及成端	2 000	600
改造小区	配线光缆、园区光交接箱、一级分光器、引入光缆、楼道二级光网络箱、二级分光器	400	用户装机时实施

7.5　ODN 配置原则

7.5.1　OLT、分光器安装位置、主干光缆以及光缆配置原则

OLT、分光器安装位置、主干光缆以及光缆配置原则如表 7-3 所示。

表 7-3　ODN 配置原则

小区性质及规模	OLT 位置	OLT 上行光缆芯数	分光器安装位置	分光器上行光缆芯数
别墅有机房	电信机房	无	一级光网络箱（小区机房 ODF 或小区光交）	2 芯/台
别墅无机房	电信机房	无	一级光网络箱（小区光交箱）	2 芯/台
商住楼有机房	电信机房	无	一级光网络箱（小区机房 ODF）	2 芯/台
商住楼无机房	电信机房	无	一级光网络箱（小区光交）、单元竖井或楼层弱电间二级光网络箱	2 芯/台

各级分光器上行光缆的规模，应根据最终用户数满配置的情况一次配置到位。

7.5.2　入户光缆线路设计原则

入户光缆在分光器到单元汇集点之间应根据用户数采用 24～144 芯非金属市话光缆，从用户多媒体箱或信息插座到单元汇集点之间应采用单芯皮线光缆，市话光缆和皮线光缆在汇集点汇聚。新建小区建议使用 24～48 芯楼道分纤箱，将市话光缆和皮线光缆使用热熔法一次性熔接完成；改造小区建议使用 16～32 芯光网络箱，在箱内将市话接入光缆成

端，并初配一台小分光比分光器，根据用户装机情况布放皮线光缆。

汇集点的设置应根据用户分布合理设置，单个汇集点收敛用户数不应超过 48 个。建议在高层住宅楼每 5~8 层设置一个汇集点，在商业写字楼每 1~3 层设置一个汇集点，在别墅小区每 9~12 户采用室外壁挂式光分纤箱或专用接头盒方式汇集。

住宅用户和一般企业用户一户配一芯光纤。对于重要用户或有特殊要求的用户，应考虑提供保护，并根据不同情况选择不同的保护方式，例如从不同的光分纤箱分别布放一条皮线光缆接入。

入户光缆可以采用皮线光缆或其他光缆，设计时需根据现场环境条件选择合适的光缆。为了方便施工和节约投资，建议在多、高层住宅和商业楼宇采用室内型单芯皮线光缆，别墅小区采用室外型单芯皮线光缆或 4 芯非金属市话光缆。

在楼内垂直方向，光缆宜在弱电竖井内采用电缆桥架或电缆走线槽方式敷设，电缆桥架或电缆走线槽宜采用金属材质制作，线槽的截面利用率不应超过 50%。在没有竖井的建筑物内可采用预埋暗管方式敷设，暗管宜采用钢管或阻燃硬质 PVC 管，管径不宜小于 ϕ50 mm。直线管的管径利用率不超过 60%，弯管的管径利用率不超过 50%。改造小区尽量利用原有园区管道、暗管、桥架、竖井进行楼栋接入光缆和入户皮线光缆的布放，在原有弱电通道无法使用的情况下建议打穿楼层板新装硬质 PVC 管作为垂直通道，特殊情况下可采用室外明布方式布放。

楼内水平方向光缆敷设可预埋钢管和阻燃硬质 PVC 管或线槽，管径宜采用 ϕ15~ϕ25 mm，楼内暗管直线预埋管长度应控制在 30 m 内，长度超过 30 m 时应增设过路箱，每一段预埋管的水平弯曲不得超过两次，不得形成 S 弯，暗管的弯曲半径应大于管径10 倍，当外径小于 25 mm 时，其弯曲半径应大于管径 6 倍，弯曲角度不得小于 90℃。

（1）光缆桥架和线槽安装设计。

①光缆线槽、桥架安装的最低高度应高出地坪 2.2 m 以上。顶部距楼板不宜小于0.3 m，在过梁或其他障碍物处不宜小于 0.1 m。

②水平敷设桥架、线槽时在下列情况应设置支架或吊架：

A. 桥架、线槽接头处；

B. 每隔 2 m 处；

C. 距桥架终端 0.5 m；

D. 转弯处。

③桥架、线槽在垂直安装时，固定点间距不应大于 2 m，距终端及进出箱（盒）不应大于 0.3 m，安装时应注意保持垂直，排列整齐，紧贴墙体。

④线槽不应在穿越楼板或墙体处进行连接。

入户光缆进入用户桌面或家庭做终结有两种方式：采用 A-86 型接线盒或家庭综合信息箱。设计可根据用户的需求选择合适的终结方式，应尽量在土建施工时预埋在墙体内。

（2）楼层光分纤箱及用户光缆终端盒安装设计。

①楼层光分纤箱必须安装在建筑物的公共部位，应安全可靠、便于维护。

②楼层光分纤箱安装高度以箱体底边距地坪 1.2 m 为宜。

③用户端光终端盒宜安装固定在墙壁上，盒底边距地坪 0.3 m 为宜。

④用户家庭采用综合信息箱作为终端时，其安装位置应选择在家庭线布线系统的汇聚点（线路进出和维护方便的位置）。箱内的 220 V 电源线布放应尽量靠边，电源线中间不得做接头，电源的金属部分不得外露，通电前必须检查线路是否安装完毕，以防发生触电等事故。

⑤采用 A-86 作为光终端盒时，设置位置应选择在隐蔽便于跳接的位置，并有明显的说明标志，避免用户在二次装修时损坏，同时应考虑为 ONU 提供 220 V 电源。

引入壁龛箱、过路箱的竖向暗管应安排在箱内一侧，水平暗管可安排在箱体的中间部位，暗管引入箱内的长度不应大于 10~15 mm，管子的端部与箱体应固定牢固。

对于没有预埋穿线管的楼宇，入户光缆可以采用钉固方式沿墙明敷。但应选择不易受外力碰撞、安全的地方。采用钉固式时应每隔 30 cm 用塑料卡钉固定，必须注意不得损伤光缆，穿越墙体时应套保护管。皮线光缆也可以在地毯下布放。

在暗管中敷设入户光缆时，可采用石蜡油、滑石粉等无机润滑材料。竖向管中允许穿放多根入户光缆。水平管宜穿放一根皮线光缆，从光分纤箱到用户家庭光终端盒宜单独敷设，避免与其他线缆共穿一根预埋管。

明敷上升光缆时应选择在较隐蔽的位置，在人接触的部位，应加装 1.5 m 引上保护管。

线槽内敷设光缆应顺直不交叉，光缆在线槽的进出部位、转弯处应绑扎固定；垂直线槽内光缆应每隔 1.5 m 固定一次。

桥架内光缆垂直敷设时，自光缆的上端向下，每隔 1.5 m 绑扎固定，水平敷设时，在光缆的首、尾、转弯处和每隔 5~10 m 处应绑扎固定。

在敷设皮线光缆时，牵引力不应超过光缆最大允许张力的 80%。瞬间最大牵引力不得超过光缆最大允许张力 100 N。光缆敷设完毕后应释放张力保持自然弯曲状态。

皮线光缆敷设的最小弯曲半径应符合下列要求：

A. 敷设过程中皮线光缆弯曲半径不应小于 40 mm；

B. 固定后皮线光缆弯曲半径不应小于 15mm。

当光缆终端盒与光网络终端（ONU）设备分别安装在不同位置时，其连接光跳纤宜采用带有金属的铠装光跳纤。

当光网络终端（ONU）安装在家庭综合信息箱内时，可采用普通光跳纤连接。

布放皮线光缆两端预留长度应满足下列要求：

A. 楼层光网络箱一端预留 1 m；

B. 用户光缆终端盒一端预留 0.5 m。

皮线光缆在户外采用挂墙或架空敷设时，可采用自承皮线光缆，应将皮线光缆的钢丝适当收紧，并固定牢固。

皮线光缆不能长期浸泡在水中，一般不适宜直接在地下管道中敷设。

（3）入户光缆接续要求。

①光纤的接续方法按照使用的光缆类型确定，使用常规光缆时宜采用热熔接方式，在使用皮线光缆，特别对于单个用户安装时，建议采用冷接子机械接续方式。

②光纤接续衰减。

A. 单芯光纤双向熔接衰减（OTDR 测量）平均值应不大于 0.08 dB/芯；

B. 采用机械接续时单芯光纤双向平均衰减值应不大于 0.15 dB/芯。

③皮线光缆进入光分纤箱、二级光网络箱时，在接续完毕后，尾纤和皮线光缆应严格按照光分纤箱规定的走向布放，要求排列整齐，将尾纤和皮线光缆有序地盘绕和固定在箱体中。

④用户光缆终端盒一侧采用快接式光插座时，多余的皮线光缆顺势盘留在 A−86 接线盒内，在盖面板前应检查光缆的外护层是否有破损、扭曲受压等，确认无误方可盖上面板。

7.5.3 光分路器（OBD）配置原则

光分路器（OBD）常用的光分路比为：1∶2、1∶4、1∶8、1∶16、1∶32、1∶64 六种，需要时也可以选用 2∶N 光分路器。

ODN 总分光比应根据用户带宽要求、光链路衰减等因素确定。光分路器（OBD）的级联不应超过二级。当采用 EPON 时，第一级和第二级光分路器（OBD）的分路比乘积不宜大于总分路比，表 7−4 所示为光分路器（OBD）常用组合。

表 7−4 光分路器（OBD）的常用分路器组合表

连接方式	第一级分路比	第二级分路比	总分路比
一级分光	1∶64	/	64
一级分光	1∶32	/	32
二级分光	1∶16	1∶4	64
二级分光	1∶8	1∶8	64

分光器设计时必须考虑设备（OLT）每个 PON 口和光分路器（OBD）的最大利用率，应从以下几个方面考虑：

满足用户 20 Mbps 宽带业务需求，结合目前 EPON 分光比计算，具体需求 PON 口带宽如表 7−5 所示。

表 7−5 EPON 分光比计算（一）

连接方式	一级分路比	上行带宽需求（20 Mbps）	并发数（70%）
一级分光	1∶64	1.28 G	0.9 G
一级分光	1∶32	0.64 G	0.45 G

根据用户需求，满足用户 50 Mbps 高清业务需求，结合目前 EPON 分光比计算，具体需求 PON 口带宽如表 7−6 所示。

表 7−6 EPON 分光比计算（二）

连接方式	一级分路比	上行带宽需求（50 Mbps）	并发数（70%）
一级分光	1∶64	3.2 G	2.24 G
一级分光	1∶32	1.6 G	1.12 G

根据目前 OLT 每个 PON 口 1.25 Gbps 带宽、用户 70% 并发数计算，应在宽带业务

需求较大、高清视频业务需求较小的中、低品质楼盘区域选择 1∶64 分光器；在宽带业务及高清业务需求较大的高、中品质楼盘区域扩容 PON 口到 10 G 并采用 1∶64 分光器。

为了控制工程初期建设的投资，在用户对光纤到户的需求不明确时，特别对于采用一级分光结构、集中安装光分路器的光分配网络，光分路器可按照覆盖范围内户数的 30%～50% 配置（或根据建设单位的规划配置），设计时必须预留光分路器的安装位置，便于今后扩容，分光器下行的大对数接入光缆应按照一户一芯的原则进行配置，按最终用户数一次敷设到位，并全部与入户皮线光缆接好。

对于有明确需求的住宅小区、高层建筑、高档别墅区等，如对光纤到户的需求达到系统容量的 60% 以上时，光分路器可以一次性配足。

对于商务楼、办公楼、企业、政府机关、学校等，具有自备自维局域网的用户，可提供光分路器端口，光缆宜布放到用户局域网机房。

对于高档宾馆、学生公寓等，应根据用户需要，采用光纤到客房、光纤到桌面的方式，光分路器应一次配足。

7.5.4　活动连接器配置原则

由于受系统光功率预算的限制，设计中应尽量减少活动连接器的使用数量。建议在 OLT、ODF、物理网光交接箱、安装有分光器的园区光交接箱以及用户室内多媒体箱处采用活动连接器，楼道分纤箱采用一次熔接到位的方式，将活接头控制在 6 个左右。

在光纤链路中插入光分路器后，故障点的查找比较困难。为了便于光缆线路的维护和测试，光分路器引出纤与光缆的连接宜采用光活动连接器。

活动连接器的型号应一致。采用单纤两波方式时，可采用 PC 型。当采用第三波方式提供 CATV 时，无源光网络全程应采用 APC 型的活动连接器。

在用户光缆终端盒中，光适配器宜采用 SC 型，并带保护盖。面板应有警示标志提醒操作人员或用户保护眼睛。

7.5.5　跳纤配置原则

一级分光器上行跳纤在工程设计阶段一次性设计到位，一级分光器下行跳纤在装机阶段根据用户装机情况布放，二级分光器采用免跳纤方式设计。

7.5.6　光分路器（OBD）安装设计

在 FTTH 模式下各级分光器应采用插片式分光器，并使用免跳纤方式，配线光缆和皮线光缆成端后直接插入分光器下行光口。

安装在 19 英寸标准机架内置式光分路框的光分路器，其引出软光纤长度宜控制在 600 mm；安装在墙式光网络箱的光分路器，其引出软光纤长度宜控制在 900 mm；安装在户外型落地式光网络箱的光分路器，其引出软光纤长度宜控制在 1 500 mm。

光网络箱的设置位置必须安全可靠，便于施工及维护。设计时应考虑光缆网结构的整体性，具有一定的通融性、灵活性，并注意环境美化和隐蔽性。

光分路器安装位置可选在小区的电信机房、电信交接间、弱电竖井、楼层电信壁龛箱等室内，也可以安装在光交接箱、光分配箱、光接头盒或采用户外型光网络箱单独安装。

安装位置必须安全可靠。

光分路器必须安装在具有防尘、防潮功能的箱（框）内，箱（框）可以有多种结构形式，如：户外落地式光网络箱、户外挂墙式光网络箱、室内明装挂墙式光网络箱、室内暗装埋墙式光网络箱、19 英寸标准机架内置式光分路框。

室外安装箱体处于锁闭状态时，其防护性能应符合 GB 4208 标准中 IP65 级。

光网络箱的容量以光分路器数与分路比的乘积表示，每个光网络箱内宜安装同一种分路比的光分路器。

7.5.7 光通道衰减核算

ODN 的光功率衰减与 OBD 的分路比、活动连接数量、光缆线路长度等有关，设计时必须控制 ODN 中最大的衰减值，使其符合系统设备 OLT 和 ONUPON 口的光功率预算要求。

ODN 光通道衰减所允许的衰减定义为 S/R 和 R/S 参考点之间的光衰减，以 dB 表示，包括光纤、光分路器、光活动连接器、光纤熔接接头所引入的衰减总和。在设计过程中应对无源光分配网络中最远用户终端的光通道衰减核算，采用最坏值法进行 ODN 光通道衰减核算，如图 7-11 所示。

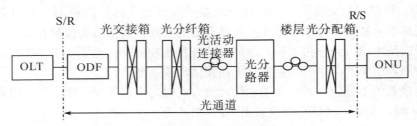

图 7-11　ODN 光通道模型

计算参数的取定：

光纤衰减取定：1 310 nm 波长时取 0.36 dB/km，1 490 nm 波长时取 0.22 dB/km。

光活动连接器插入衰减取定：0.5 dB/个。

光纤熔接接头衰减取定：分立式光缆光纤接头衰减取双向平均值 0.08 dB/每个接头；带状光缆光纤接头衰减取双向平均值 0.2 dB/每个接头；冷接子取双向平均值 0.15 dB/每个接头。计算时，光分路器插入衰减参数取定如表 7-7 所示。

表 7-7　分光器典型插入衰减参考值

分光器类型	1：2	1：4	1：8	1：16	1：32	1：64
FBT 或 PLC	≤3.6 dB	≤7.3 dB	≤10.7 dB	≤14.0 dB	≤17.7 dB	≤22.0 dB

光纤富余度 Mc：

当传输距离≤5 公里时，光纤富余度不少于 1 dB；

当传输距离≤10 公里时，光纤富余度不少于 2 dB；

当传输距离>10 公里时，光纤富余度不少于 3 dB。

7.5.8　光缆线路测试

对光缆线路的测试分两个部分：分段衰减测试和全程衰减测试。

（1）采用 OTDR 对每段光链路进行测试。测试时将光分路器从光线路中断开，分段对光纤段长逐根进行测试，测试内容包括 1 310 nm 波长的光衰减和每段光链路的长度，并将测得数据记录在案，作为工程验收的依据。

（2）全程衰减测试采用光源、光功率计，对光链路 1 310 nm、1 490 nm 和 1 550 nm 波长进行测试，包括活动光连接器、光分路器、接头的插入衰减。同时将测得数据记录在案，作为工程验收的依据。测试时应注意方向性，即上行方向采用 1 310 nm 测试，下行方向采用 1 490 nm 和 1 550 nm 进行测试。不提供 CATV 时，可以不对 1 550 nm 进行测试。

7.5.9　全程光衰耗要求

现有设备 OLT 与 ONU 之间可提供 29.5 dB，考虑全程富余度 2 dB，所以全程设计衰耗不大于 27.5 dB；在设计中一定要注意活接头的个数和光缆长度。

7.6　FTTH 工程施工

7.6.1　FTTH 工程施工程序

FTTH 工程施工程序如图 7-12 所示。

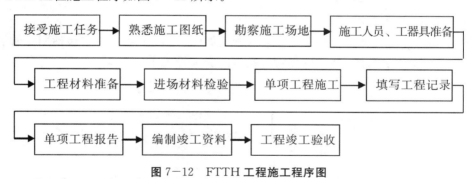

图 7-12　FTTH 工程施工程序图

7.6.2　光缆交接箱安装

光缆交接箱如图 7-13 所示。

图 7—13　光缆交接箱正视图

（1）光缆交接箱安装程序。

选址→底座的光缆管及预埋底框布置→混凝土底座的安装→交接箱体的安装→布放托盘→储存管理预置尾纤→外缆引入→外缆与尾纤熔接→开通路由。

（2）箱体安装和接地。

室外落地式免跳接光缆交接箱的安装与固定如图 7—14 所示，主要包括引上管和接地棒的敷设、水泥墩的浇注、敷设内导管、箱体的安装等工作。

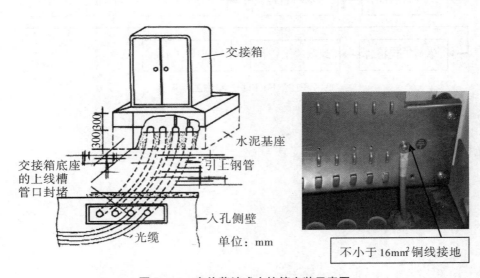

图 7—14　室外落地式交接箱安装示意图

7.6.3　ODF 架的安装要求

ODF 架的安装应符合下列要求：

（1）安装位置、机面朝向应符合设计要求。

（2）安装垂直偏差应不大于机架高度的 1‰。

（3）相邻机架应紧密靠拢，机架间隙应小于 3 mm；列内机面平齐，无明显凹凸。

7.6.4　光纤连接线的敷设要求

光纤连接线的敷设应符合以下要求：

（1）光纤连接线的型号规格应符合设计要求，余长不宜超过 1 m。

（2）布放应整齐，架内与架间应分别走线。

（3）静态曲率半径应不小于 30 mm。

7.6.5　ODF 架防雷接地要求

ODF 架防雷接地、保护接地如图 7−15 所示。

（1）ODF 架外壳设备保护地应采用 16 mm^2 以上的多股铜电线接到机房设备专用地排。

（2）光缆的加强芯与金属屏蔽层的接地线先汇接到 ODF 架内专用防雷地排后，再采用 16 mm^2 以上的多股铜电线直接接到机房地网，不能将光缆的加强芯与金属屏蔽层的接地线连接到机房保护地排上。

图 7−15　ODF 架防雷接地、保护接地示意图

7.6.6　无跳接光缆交接箱内部结构及布线图

（1）插片式免跳接光缆交接箱由箱体、光缆固定开剥单元、主干区、配线区、光分路器单元、闲置尾纤管理中心、内部机架及备附件组成，详见图 7−16。

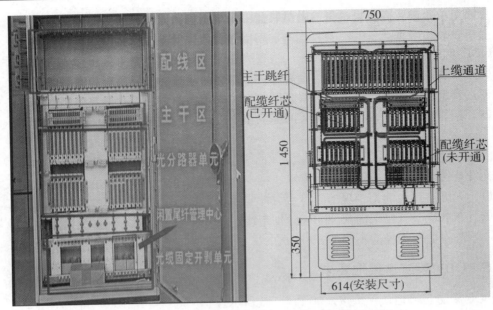

图 7—16　插片式免跳接光缆交接箱内部结构及布线图

（2）无跳接光缆交接箱内部布线施工工艺如图 7—17 和图 7—18 所示。

24 块 12 芯预置尾纤配纤盘

分光器配置区，先上后下先左后右

储纤区（对应24块配纤盘）

主干区（4×12预置成端主干盘，SC适配）

标签要整齐统一，方向一致

图 7—17　无跳接光缆交接箱内部布线工艺图（一）

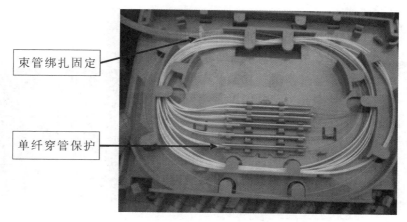

图 7-18 无跳接光缆交接箱内部布线工艺图（二）

7.6.7 光分纤箱墙体及位置选择

墙挂式光分纤箱如图 7-19 所示。

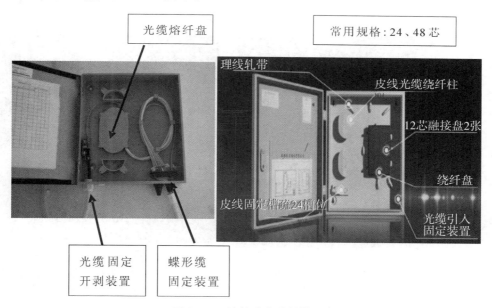

图 7-19 墙挂式光分纤箱

直熔型光分纤箱用于一级分光模式下的楼道、弱电井等场所，主要用于光缆和入户蝶形光缆的熔接，箱体具备光缆、蝶形光缆固定装置及光纤盘纤位置，可堆叠熔纤盘，箱体容量为 24、48 芯。安装地点需根据设计文件选择，一般尽量在楼宇内选择物业设备间、车库、楼道、竖井、走廊等合适地点安装，具体结合现场情况决定。

（1）户内安装要求箱/框底部距地面高度为 1.2～2.5 m；

（2）户外安装要求箱/框底部距地面高度为 2.8～3.2 m；

（3）竖井中安装要求箱/框底部距地面高度为 1.0～1.5 m。

园区光缆箱内施工示意图如图 7-20 所示。

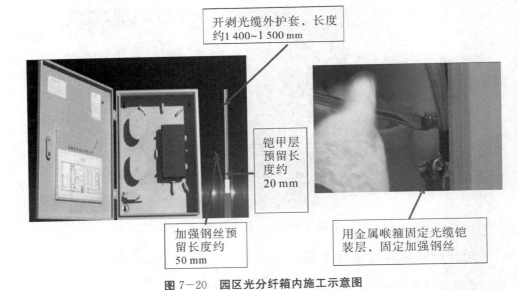

开剥光缆外护套，长度约1 400~1 500 mm

铠甲层预留长度约20 mm

加强钢丝预留长度约50 mm

用金属喉箍固定光缆铠装层，固定加强钢丝

图7-20　园区光分纤箱内施工示意图

皮线光缆箱内施工示意图如图7-21所示。

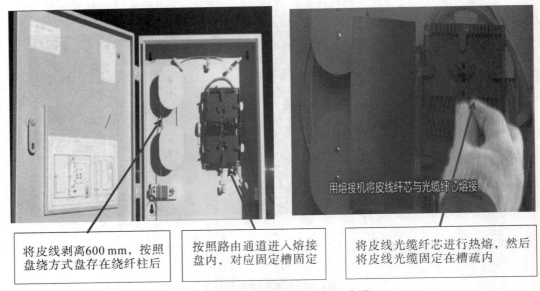

用熔接机将皮线纤芯与光缆纤芯熔接

将皮线剥离600 mm，按照盘绕方式盘存在绕纤柱后

按照路由通道进入熔接盘内，对应固定槽固定

将皮线光缆纤芯进行热熔，然后将皮线光缆固定在槽疏内

图7-21　皮线光分纤箱内施工示意图

7.6.8　光分路箱位置选择

图7-22所示的光分路箱适用于二级分光场景下，可安装在楼道、弱电井等处，有明装壁挂和暗装埋墙两种安装方式。安装地点需根据设计文件选择，一般在楼宇内选择物业设备间、车库、楼道、竖井、走廊等合适地点安装，需考虑好接下来光缆敷设的便利。特别是"薄覆盖"项目，需考虑二次施工时蝶形光缆如何布放入户。在实际安装位置周围还要注意设计文件要求安装箱体位置的上方是否有水管等漏水的隐患，是否有高压线经过，是否容易阻碍行人通过等。

户内安装要求箱框底部距地面高度为 1.2～2.5 m。

户外安装要求箱框底部距地面高度为 2.8～3.2 m。

竖井中安装要求箱框底部距地面高度为 1.0～1.5 m。

具体安装应结合现场情况。

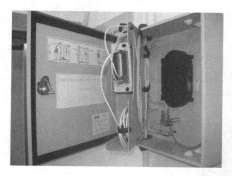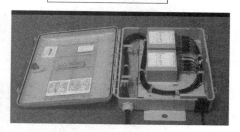

常用规格:16、32芯

图 7—22　光分路箱缆线工艺示意图

7.6.9　光分路箱园区光缆进线

光分路箱园区光缆进线如图 7—23 所示。室内安装的时候，光缆可以选择从箱体的上方进入，并在箱体的上方盘留 3～5 m，固定后套波纹管保护。

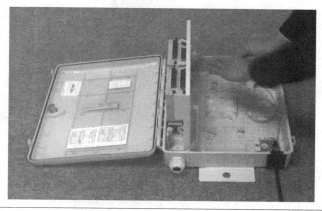

裸纤保护管在盘存区盘存后，从熔纤盘右上角进入熔纤盘进行熔接

图 7—23　光分路箱园区光缆进线示意图

室外安装的时候，光缆必须从箱体的下方进入，并且在箱体的左上方或者右上方盘留 3～5 m，固定后套波纹管保护，光缆在箱体的下方形成一个较大弧度的滴水弯，以便防止雨水顺着光缆进入箱体。

最后在光缆进入箱体后在光缆固定位缠绕多圈胶布并箍紧，在光缆的入孔处封堵防火泥。

光纤在箱内布放时，不论在何处转弯，其曲率半径应不小于 30 mm。

7.6.10　光分路箱尾纤走线工艺

光分路箱尾纤走线如图 7—24 所示。

（1）尾纤熔接后出熔纤盘的位置需要与进熔纤盘的光缆在同一侧，尽量不选择对角处，以便于光纤在熔纤盘内熔接和盘留有较大弧度，避免损伤光纤。

（2）尾纤熔接完毕出熔纤盘后，都需要选择较大弧度的走线方式，使尾纤插入光分路器和停车位。

（3）走线方式确定后，需要注意的是光分路器框在打开和关闭时是否对尾纤产生挤压，如果出现挤压的情况，可以修改走线方式，最大限度地减少对光纤的损害。

因此，确定完尾纤的走线方式和长度之后，在熔纤盘内盘留后与尾纤熔接。另外需要注意的是尾纤的绑扎必须用软塑带不能用扎带，以免损伤光纤。

出熔纤、盘尾纤可以选择走此处并盘留

光纤从熔纤盘的左上角进入，而不选择其他位置，主要是为了形成较大弧度的转弯

光纤在熔纤盘内熔接后，可以选择的出盘位置有右上角或左下角（即光纤入盘和出盘属于同一侧），而不选择右下角（即盘的对角），相对于这种箱体可以选择右上角出熔纤盘，方便出盘后尾纤的走线

普通光纤在此固定装置上固定，开缆后套纤芯保护管

尾纤进入旋转层板背面进行盘存，并将光线接头插入停泊区

图 7-24　光分路箱尾纤走线工艺图

7.6.11　箱内皮线光缆布线

如图 7-25 所示，皮线缆顺时针盘绕至旋转层板正面，沿着粘带路径连接至光分路器引出端。

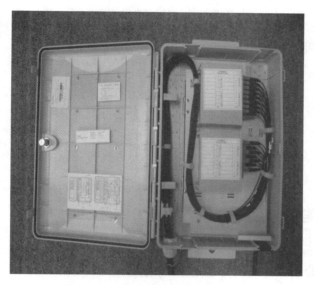

图7-25 箱内皮线光缆布线示意图

对于全覆盖,皮线光缆布放入户后需要用红光笔确定用户房间号,一般皮线光缆从箱体的下方出,并且在出口处有皮线光缆的固定位,箱体内有盘留位设计的,皮线光缆可以在盘留位盘留一圈后做好冷接头插入分光器。在皮线光缆出箱体之后进入线槽之前要套波纹管保护,并且封堵防火泥。

如果是薄覆盖项目,引入蝶形光缆暂不布放,在有具体业务需求时,根据需求布放,在二级光分路器上抽取一个端口进行全程光衰减测试,确保性能指标符合要求,覆盖完成蝶形光缆布放后用红光笔连通性和对应性测试,并填写相应的测试表格。

7.6.12 光缆接头盒

光缆接头盒如图7-26所示,除了常见的二进二出外,还引入了三进三出和四进四出的接头盒。

注意:进出光缆总数不能超过进出孔总数,如四进四出不能超过8条。

每处进出孔只能穿放一条普通光缆。

图 7-26　光缆接头盒示意图

7.6.13　光缆熔接

光缆熔接程序如图 7-27 所示。

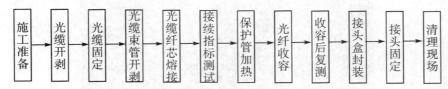

图 7-27　光缆熔接程序图

7.6.14　光纤入户场景及要求

光纤入户场景如图 7-28 所示（利用旧通道覆盖模式）。

工程阶段：敷设引入光缆到楼道光分路箱并成端。

装维阶段：利用原有楼道垂直和水平管路，从用户 ONU 敷设预制蝶形尾纤（或普通皮线光缆）到光分路箱，然后用快速连接器成端。

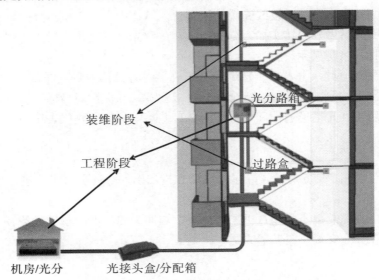

图 7-28　光缆入户示意图

7.6.15　楼道布线

（1）楼道布线要点。

如图 7-29 所示，光分路箱应选择靠近垂直管道、方便维护的位置安装。

为方便后续布线，光分路箱应安装在中间楼层。

垂直管道位置首选靠近用户家门的平台，次选休息平台。垂直管道敷设完毕后，应修补好楼板孔洞，粉刷受污染墙面。

垂直管道首选 PVC 管，每层加装一个过路盒；次选塑料线槽。

水平管道首选波纹管，次选单孔 PVC 管和塑料线槽，慎用楼道明线钉固方式。

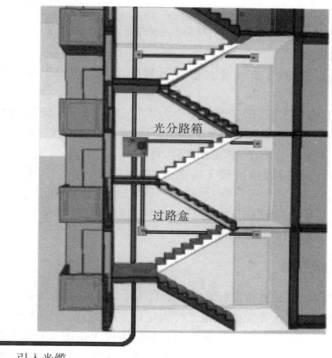

引入光缆

图 7-29　楼道布线示意图

（2）楼道水平管道敷设。

楼道水平管道敷设如图 7-30 所示。水平管道敷设一般要求：

①应根据现场实际情况选择合适的管材。

②应仔细测量水平管道长度，定位用户盒安装位置，用户盒安装高度宜与过路盒高度平齐。

③根据测量情况将管材截成合适长度，管材断口应锉平，铣光。

④将管材安装定位，水平管道与用户盒、过路盒之间应安装严实。

⑤多段蝶形光缆线槽内水平布线时，应理顺线缆，避免缠绕，必要时可进行绑扎。

⑥多段蝶形光缆在直角转角处布放时，应在距转角处 300～500 mm 处绑扎。

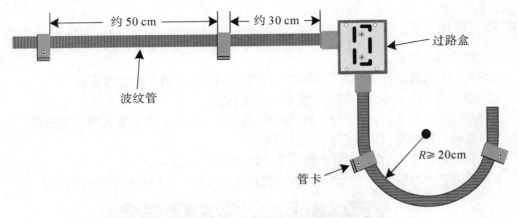

图 7-30　楼道水平管道敷设示意图

（3）楼道光缆布放。

敷设蝶形光缆的最小弯曲半径在敷设过程中不应小于 30 mm，固定后不应小于
15 mm。

FRP 加强芯室内蝶形光缆敷设时的牵引力不宜超过 64 N，瞬间最大牵引力不得超过
80 N；金属加强芯室内蝶形光缆敷设时的牵引力不宜超过 160 N，瞬间最大牵引力不得超
过 200 N，且主要牵引力应加在光缆的加强构件上。

多孔 PVC 管每孔敷设蝶形光缆不应超过三根，宜在楼层过路盒对蝶形光缆作适当
固定。

在光缆敷设过程中，应严格注意光纤的拉伸强度、弯曲半径，避免光纤被缠绕、扭
转、损伤和踩踏。

7.6.16　蝶形光缆布放

如图 7-31 所示，蝶形光缆宜钉固在隐蔽且人手较难触及的墙面上。

由于卡钉扣是通过夹住光缆外护套进行固定的，因此在施工中应注意一边目视检查，
一边进行光缆的固定，必须确保光缆无扭曲，且钉固件无挤压在光缆上的现象发生。

在墙角的弯角处，光缆需留有一定的弧度，从而保证光缆的弯曲半径，并用保护管进
行保护。严禁将光缆贴住墙面沿直角弯转弯。

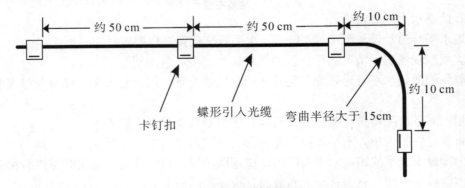

图 7-31　明线钉固示意图

对于线槽或 PVC 管等末端有棱易损伤蝶形光缆的地方，应加保护管保护；不同管线连接的地方，应加保护管起保护、过渡作用，如线槽至 PVC 管、线槽至用户盒。

在部分水平线槽或 PVC 管跨越垂直管道的情况下，可采用保护管提供保护和过渡。

（1）蝶形光缆户内布线。

适合于用户装潢要求较低的场合。

入户光缆从墙孔进入户内，入户处使用过墙套管保护。沿门框边沿和贴脚线安装卡钉扣，卡钉扣间距 50 cm，待卡钉扣全部安装完成，将蝶形光缆逐个扣入卡钉扣内，切不可先将蝶形光缆扣入卡钉扣，然后再安装、敲击卡钉扣。

在墙角的弯角处，光缆需留有一定的弧度，从而保证光缆的弯曲半径，并用套管进行保护。严禁将光缆贴住墙面沿直角弯转弯。

采用钉固布缆方法布放光缆时需特别注意光缆的弯曲、绞结、扭曲、损伤等问题。

（2）蝶形光缆塑料线槽敷设。

适合于用户装潢要求较高的场合。

直线槽可按照房屋轮廓水平方向沿踢脚线布放，转弯处使用阳角、阴角或弯角，跨越障碍物时使用线槽软管。

采用双面胶粘贴方式时，应用布擦拭线槽布放路由上的墙面，使墙面上没有灰尘和垃圾，然后将双面胶粘贴在线槽及其配件上，再将线槽粘贴固定在墙面上。当直线敷设距离较长时，每隔 1.5～2 m 需用螺钉固定 1 次。

采用螺钉固定方式时，应根据线槽及其配件上标注的螺钉固定位置，将线槽及其配件固定在墙面上，一般 1 m 直线槽需用 3 个螺钉进行固定。

（3）蝶形光缆暗管敷设。

适合于用户原先暗管可利用的场合。

使用穿线器从室内用户端向楼道内暗管（反向）穿通用户暗管。

将蝶形光缆绑扎在穿线器的牵引头上，保证绑扎牢固、不脱离、无凸角。接头和蝶形光缆上可适当涂抹润滑剂。

蝶形光缆在暗管内穿放时，施工人员需要两端配合操作，一人在用户室内牵引，另一人在楼道内送缆。牵引要匀速用力，送缆要保持光缆平滑不扭曲。

光缆在经过直线过路盒时可直线通过。在经过转弯处的过路盒时，需在过路盒内余留适当长度光缆，以保证光缆弯曲半径。

将蝶形光缆牵引出管孔后，应分别用手和眼睛确认光缆引出段上是否有凹陷或损伤，如果有损伤，则放弃穿管的施工方式。

7.6.17　入户蝶形光缆成端制作

入户蝶形光缆成端制作过程如图 7-32 所示，光缆预处理蝶形光缆应在盒（箱）内预留 30 cm 左右。

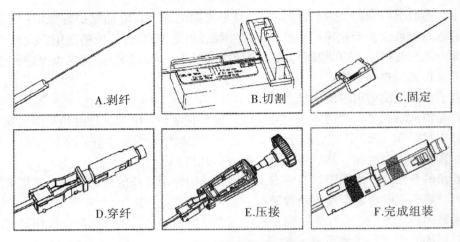

图 7-32 快速连接器成端制作图

7.6.18 入户蝶形光缆衰减测试链路

入户蝶形光缆衰减测试链路如图 7-33 所示。

工程验收标准：线路总衰减 26 dB。其中，ONU 侧接收光功率≥-25 dB。光纤链路衰减≤0.36 dB/km，熔接衰减≤0.06 dB/个，活动接头衰减≤0.5 dB/个。

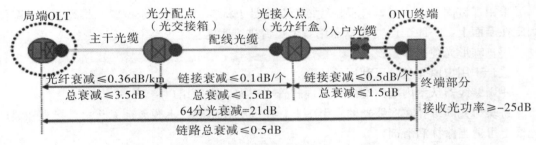

图 7-33 入户蝶形光缆衰减测试示意图

7.6.19 入户蝶形光缆衰减测试要求

入户段光缆（含光纤机械接续连接插头）的衰减值应小于 1.5 dB。

测试前被测光缆两端必须成端。

光源的主要作用就是向光缆线路发送功率稳定的光信号，光功率计的作用是测量接收光信号的功率值。

波长定为 1 310 nm，在每次测试衰减前需要用光功率计测出光源发光功率值（dBm）。测试时光源在一端发光，光功率计在入户段光缆的另一端测试光源经过入户段光缆后的光功率值（dBm）。

由光源的发光功率值减去光功率计的实际接收功率值，就可以得到被测入户段光缆的衰减值（dB）。

衰减值要求：

（1）OLT 到楼道光分路箱衰减值≤26.0 dB。

（2）楼道分纤盒到 ONU 侧衰减值≤1.5 dB。

如果 FTTH 工程中各类硬件设备安装、线路安装的工艺质量合格，全程电路测试指标符合设计要求，就可编制完成竣工资料，FTTH 工程完工。

说明：FTTH 工程中涉及的架空线路、直埋线路、附墙线路等工程在本书第 4 章已经有详细叙述。

复习思考题

7.1　FTTH 工程组网中 OLT 的设置原则是什么？

7.2　根据 FTTH 设计原则和用户要求，应当如何设置光网络单元（ONU）？

7.3　根据用户特点和资源条件，如何选择光分配网络 ODN 的结构？

7.4　简述 FTTH 工程施工程序。

7.5　简述 ODF 架保护接地和防雷接地的连接方法。

7.6　根据施工环境条件，如何选择光分路箱（ODB）的安装位置？

7.7　简述光分路箱（ODB）在园区室内安装的进线方法。

7.8　简述蝶形光缆暗管内敷设要求。

附件　FTTH 工程质量控制表

FT1　FTTB/FTTH 工程设备安装质量检验记录表

工程名称：　　　　　　　　施工地址：　　　　　　　　表格编号：

设备编号		规格容量	
装设地点		生产厂家	
检查项目	质量控制点及要求	第一次检查记录/时间	质量缺陷项整改后复查记录/时间
机柜安装	室内（外）机柜安装位置是否符合设计要求；垂直偏差不应大于机柜高度的 3‰		
	壁挂式机柜下沿离地面不小于 1.2 m，安装牢固，不得损坏原建筑结构		
	室外机座高度 30~40 cm 为宜，机座贴瓷砖		
	机柜安装完毕后应将进线孔洞封堵。机柜门、锁完好		
	槽道、桥架、机架、设备安装应符合验收规范 6、7 的要求		

续表

设备编号		规格容量	
光缆敷设及机柜内缆线布放、绑扎	机柜接地电阻应小于 10 Ω		
	缆线走向清晰、电源线、地线与信号线分开布放，无交叉		
	缆线绑扎节距均匀、松紧适度，余长适度，不能将多余缆线绕圈捆绑		
	尾纤布放应安全、美观，转弯应有适当弧度不得转死角，余长尾纤应盘留固定在尾纤盘上		
	光（电）缆不得在机柜内做预留，应在距离设备最近的电杆上或人孔内。入户光缆布放、固定，应符合《FTTH 工程施工规范》第七、九、十一条和验收规范 8 "线缆敷设" 的规定		
	电缆不得有破损或中间接头		
	电缆屏蔽层应接入机柜内接地排		
	光缆的金属构件和加强芯应接在柜外的防雷接地排上		
	模块打线遵循从左至右、从上至下的原则；若同时有语音和 ADSL 线，应先语音后 ADSL；若同时有设备电缆和市话电缆，应先设备电缆后市话电缆		
	跳线应横平竖直，走线合理，分布均匀，松紧适度		
标识及现场清理	机柜标签符合资源管理规范要求		
	设备标识正确齐全，标识内容与网管、资源管理系统内容一致。标识格式、书写应符合验收规范 12.3 的规定。模块标识清晰		
	施工完毕现场无杂物，柜内清洁无线头或其他遗留物		
质量缺陷处理意见	经检查有以下质量缺陷项：（ ）。请施工单位按____号监理工作联系单要求整改合格后报监理工程师复查。		
	施工单位代表： 年 月 日	监理理工程师： 年 月 日	

本表一式两份，施工、监理各一份。

FT2　FTTB/FTTH 工程电缆/线路设备拆除记录表（_____ 段工程）

施工单位：　　　　　　　　　填表时间：　　　　　　　　表格编号：

电缆程式型号	电缆段数（段）	每段长度（m）	电气性能（好、中、差）	建议/利旧/翻新/报废	移交人	接收人	移交时间
电杆规格	拆除数量	拆除杆路长度（m）	电杆完好程度	建议	移交人	接收人	移交时间
分线盒规格	拆除数量		完好程度	建议	移交人	接收人	移交时间
交接箱规格	拆除数量		完好程度	建议	移交人	接收人	移交时间
拆除的其他设施：							

建设单位负责人：　　　　　　　　　　　　　　　　　　　　　年　　月　　日

施工负责人：　　　　　　　　　　　　　　　　　　　　　　　年　　月　　日

现场监理：　　　　　　　　　　　　　　　　　　　　　　　　年　　月　　日

本表一式三份，施工、接收人、监理各一份。

FT3 FTTB/FTTH 工程设备安装登记表

施工单位：　　　　　　　　　　　　　　　　　　　　　　　表格编号：

工程地址	光缆引入人（手）孔编号	设备名称	设备编号	小区/楼宇名称	安装的楼宇单元	安装楼层/门牌号	登记时间

施工单位负责人：　　　　　　　　　　　　　　　　　　　　　　年　月　日

现场监理：　　　　　　　　　　　　　　　　　　　　　　　　　年　月　日

建设单位代表：　　　　　　　　　　　　　　　　　　　　　　　年　月　日

本表一式三份，建设单位、施工、监理各一份。

FT4 FTTB/FTTH 工程设备安装报验单

施工单位：
表格编号：

工程名称		工程地址	
小区/楼宇名称		施工单位	

致 监理工程师：
根据设计要求，我们已经完成（
）通信设备安装的以下项目，请检验。

序号	报检内容	自检结果	检查人
1	安装位置符合工程设计平面图要求		
2	设备的水平及垂直度		
3	抗震加固符合设计要求		
4	接地电阻值测试符合设计要求		
5	线缆布放路由、走向符合设计要求		
6	弯曲半径及绑扎质量		
7	光纤连接符合设计要求		
8	电源线端头制作、连接符合要求		
9	缆线标识明确		

施工单位负责人：
年 月 日

监理工程师意见：

检验合格□ 纠正差错后再报□ 纠正差错后合格□

监理工程师：
年 月 日

本表一式两份，施工、监理各一份。

FT5 FTTB/FTTH 工程设备测试报验单

工程名称		工程地址	
小区/楼宇名称		施工单位	

致　　　　　　监理工程师：
　　根据设计要求，我们已经完成（
）通信设备下列项目的测试，测试记录附后，并已自检合格，请检验。

序号	报检内容	自检结果	检查人
1			
2			
3			
4			
5			
6			
7			
8			
9			

施工单位负责人：　　　　　　　　　　　　　　日期：　　　　年　月　日

监理工程师意见：

检验合格□　　纠正差错后再报□　　纠正差错后合格□

监理工程师：　　　　　　年　月　日

本表一式两份，施工、监理各一份。

第8章 通信建设监理概述

[教学目标]

中国的移动通信网、固定通信网、互联网是世界上最大的三个通信网络。在这三大通信网的建设中，监理发挥了重大作用，建设单位越来越依赖监理在工程建设中的管理活动。本章简要介绍工程建设监理的常识、监理的工作内容、监理的工作方法、监理文件的编制。

[教学要求]

通过学习使读者掌握监理基础知识、"三控三管一协调"的监理方法、监理手段、监理文件的编制。

8.1 监理基础常识

8.1.1 建设工程监理的含义

所谓建设工程监理，是指具有相应资质的监理企业受工程项目建设单位的委托，依据国家有关工程建设的法律、法规及经建设单位主管部门批准的工程建设文件、建设工程监理委托合同及其他建设合同，对建设工程实施专业化监督管理。实行建设工程监理制度，目的在于提高建设工程质量、投资效益和社会效益。我们可以从以下几个方面进一步来理解监理概念：

（1）建设工程监理实施需要项目法人的委托和授权；

（2）建设工程监理是针对工程项目建设所实施的监督管理活动；

（3）建设工程监理是有明确依据的工程建设行为：

（4）建设工程监理是微观性质的监督管理活动；

（5）过去的建设工程监理主要发生在项目建设的施工阶段，由于监理在工程施工过程中的监督作用日益突出，效果日益显著，现在有的监理企业已经参与工程建设的全过程监理；

（6）建设工程监理的行为主体是监理企业，监理企业是具有独立性、社会化、专业化特点的专门从事建设工程监理和其他技术活动的组织。

8.1.2 通信建设监理事业的发展

从 1993 年起至 2010 年，我国通信建设监理队伍逐步壮大，全行业从事通信建设工程的监理人员约有 3 万人以上，通过正式培训取得通信建设监理工程师资格的有近万人。通信建设工程监理制度已在全国范围内健康、迅速地发展起来，在通信建设中发挥着越来越重要的作用，受到了全社会的广泛关注和普遍认可。十几年来的建设监理实践证明，实施通信建设工程监理制度，确实能起到控制项目造价、进度、质量和安全管理及工程协调的作用，改变了过去项目建设管理存在的"投资无底洞、工期马拉松、质量没保证"的状况。在这十几年中凡推行通信建设工程监理制度的工程，普遍具有以下成效：

（1）加快了工程项目的建设进度；

（2）提高了工程质量；

（3）有效地控制了工程建设投资；

（4）大大节省了建设单位建设管理人员的力量；

（5）促进了施工单位管理水平的提高；

（6）使通信建设市场形成新的运行机制，为我国通信建设监理业进入国际市场奠定了坚实的基础。

正是因为监理在工程建设中的显著作用，确保了工程建设的安全、质量、投资、进度目标，所以，国家工信部于2011年发文强调"进一步加强监理工作"，国家的重视进一步促进了通信监理事业的发展。

8.1.3 监理单位与工程相关各方的关系

（1）监理单位与政府质监部门的区别。

①性质不同。

质监部门代表政府对工程质量进行监督、检查，政府政策是强制性的。而监理单位是按照建设单位的委托与授权，对工程项目进行"三控三管一协调"——质量控制、进度控制、投资控制、安全监督管理、合同管理、信息管理、工程协调的全面管理。

②工作的广度、深度不同。

质监部门仅对工程质量进行抽查和等级认定；监理除了控制工程质量外，还包括控制施工进度、工程造价，进行工程安全管理、合同管理及工程协调等。

③控制手段不同。

质监部门使用行政手段对工程质量的法律、法规和强制性标准执行情况进行监督检查，监理主要使用合同约束的经济手段，对工程进行全过程的全面管理。

（2）监理单位与建设单位的关系。

①互相平等的关系。

建设单位与监理单位在通信建设市场中是属于同一行业，代表不同方面的企业法人，只是经营性质不同、业务范围不同，不分主次。这两类法人之间是一种互相平等的关系。

②委托与被委托的监理合同关系。

监理单位与建设单位签订委托监理合同后，建设单位将部分工程项目建设的管理权力授予监理单位，表明双方之间委托与被委托的监理合同关系的确立。

（3）监理单位与施工单位的关系。

①相互平等的关系。

监理与施工单位都是通信建设市场中的企业法人，只是经营性质、业务范围不同，相互都是平等的，这种平等关系，主要体现在双方都是在国家工程建设规范标准的制约下，施工单位按照设计和相关规范实施施工活动，监理单位按照设计和监理规范实施建设监理活动，双方的共同目的是完成通信工程建设任务。

②监理与被监理的关系。

监理单位与施工单位之间，通过建设单位与施工单位签订的承包合同，建立了监理与被监理的关系，施工单位接受监理单位对建设工程的监督管理和指令。《建筑法》第三十二、三十三条规定："工程监理人员认为工程施工不符合工程设计要求或施工技术标准或合同约定，有权要求施工企业改正。"第六十六条规定："在实施建筑工程监理前，建设单位应当将委托的工程监理单位、监理内容及监理权限，书面通知被监理企业。"《建筑法》明确了施工单位应执行监理的监督管理和指令。

特别提示：长期以来的经验告诉我们，在中国特色的工程建设中，如果监理工程师只会生搬硬套监理规范的条款开展监理工作，不会用监理工程师聪明的才智指导、帮助施工队伍，没有灵活的沟通技巧，是难以实现"三控三管一协调"的目标的。

（4）监理单位与设计单位的关系。

建设单位没有委托设计阶段的监理，监理单位与设计单位只是工作上互相配合的关系；监理人员发现设计存在一定缺陷或设计方案不尽合理时，可通过建设单位向设计单位提出修改意见；当建设单位委托设计阶段监理时，监理单位与设计单位之间，通过建设单位与设计单位签订的设计合同，建立了监理与被监理关系，设计单位应接受监理单位的监督管理和指令。

（5）监理单位与供货单位的关系。

监理单位与供应商间没有合同关系，是工作配合关系。

器材、设备送达施工现场后，由施工单位负责验收，监理人员对施工单位报送的《器材、设备报验单》进行审查，进行必要的抽检，合格后予以签认；建设或施工单位的订货合同副本或复印件，应送监理单位一份。

8.1.4 监理服务范围

监理服务范围可按工程类别和工程监理阶段划分。

（1）按建设工程类别划分的监理服务范围。

①甲级单位可以监理一、二、三、四类工程。

②乙级单位可以监理二、三、四类工程。

③丙级单位可以监理三、四类工程。

④各类监理单位可以监理相应等级的与通信房屋建筑工程相配套的通信工程。

⑤监理单位可以和建设单位约定对通信建设全过程（包括投资决策阶段、勘察设计阶段、施工阶段和保修阶段）实施监理，也可以约定对其中某项过程实施监理。具体监理范围，由建设单位和监理单位在委托合同中约定。

（2）通信建设工程监理阶段划分的服务范围。

①投资决策阶段监理。

在投资决策阶段，监理对拟建项目方案的技术性能、经济效益、社会效益、环境效益进行经济分析和论证，确定项目建设的可行性。

②勘察设计阶段监理。

工程勘察设计质量是决定工程质量的关键环节。工程选用的设备制式、型号、接口方式，选测的通信线路路由等，都直接关系到通信工程运行、维护安全，以及工程造价的综合效益和网络规划意图的发挥和体现。

③施工阶段监理。

工程施工是按照设计图纸和相关文件要求，将设计意图付诸实现的具体操作过程，如：测量、安装、检验、作业、测试、验收，最终形成项目实体质量的决定性环节。任何优秀的勘察设计成果，只有通过施工才能变为现实。施工直接关系到通信工程的安全可靠和全网电路畅通。

④保修阶段监理。

A. 工程经建设单位组织的竣工验收合格后，由项目总监理工程师和建设单位代表共同签署《竣工移交证书》，工程即进入保修期。

B. 施工单位应在竣工验收前向建设单位提交工程质量保修书。

C. 当监理合同中注明监理工作范围包括工程保修期时，总监理工程师负责工程保修期的监理工作。

8.1.5 监理工作内容

（1）投资决策阶段监理的主要工作内容。

①对投资项目做市场调查、预测和可行性研究。

②协助可行性研究单位编制工程投资估算。

③协助建设单位准备工程报建手续。

（2）勘察设计阶段监理的主要工作内容。

①协助建设单位编制勘察设计任务书。

②协助建设单位选择勘察设计单位。项目监理机构协助建设单位编制勘察设计招标文件，参与对勘察设计单位的考察及开标评标工作，协助建设单位与中标单位进行商务谈判、任务交底、签订委托勘察设计合同。

③审查勘察设计方案。项目监理机构在收到勘察设计工作方案后即进行审查，并向勘察设计单位提交总监理工程师签认的书面审查意见。

④勘察过程的控制。勘察设计过程中项目监理机构要对勘察设计的进度、质量、造价进行控制。

⑤对勘察设计成果的审核。根据勘察设计委托合同、任务书及通信行业有关规定，对勘察设计成果进行审核，并提出书面审核意见。

⑥组织勘察设计文件的报批。

（3）施工阶段监理的主要工作内容。

施工阶段监理的工作内容，主要包括以下项目：工程建设质量、进度、造价控制，工程建设安全、合同、信息管理，协调工程建设、施工等单位工作关系。其具体监理内容如下：

①熟悉设计文件及施工图纸，并将发现的问题汇总，书面提交建设单位。参加设计交底会。

②协助建设单位审查批准施工单位提出的施工组织设计、安全技术措施、施工技术方案和施工进度计划，并监督检查实施情况。

③审查施工单位资质，审查施工单位选择的分包单位资质。

④协助建设单位审核施工单位编写的开工报告。

⑤审查施工单位提供的材料和设备清单及其所列的规格和质量证明资料。

⑥审查施工单位执行施工合同和规范标准及设计文件，控制施工质量措施等。

⑦检查工程使用的材料、构件和设备的质量。

⑧审查施工单位在工程项目上的安全生产规章制度和安全监管机构的建立、健全及专职安全生产管理人员配备情况，督促施工单位检查各分包单位的安全生产规章制度的建立情况。审查项目经理和专职安全生产管理人员是否具备工信部或通信管理局颁发的《安全生产考核合格证书》，是否与投标文件相一致；审核施工单位应急救援预案。

⑨监督施工单位按照施工组织设计中的安全技术措施和专项施工组织方案组织施工，及时制止违规施工作业；定期巡视检查施工过程中危险性较大的工程的作业情况；检查施工现场各种安全标志和安全防护措施是否符合强制性标准要求；督促施工单位进行安全自查工作，参加建设单位组织的安全生产专项检查。

⑩实施旁站监理，检查工程进度和施工质量，验收分部分项工程，签署工程付款凭证，做好隐蔽工程的签证。

⑪定期主持召开监理工作会议，检查工程进展情况，协调各方关系，处理需要解决的问题。

⑫按规定编制监理周（月）报，向建设单位汇报工程进度、质量、造价、施工安全和其他监理工作情况。

⑬审查施工单位提交的竣工技术文件，督促施工单位整理相关的合同文件和工程档案资料。

⑭协助建设单位组织设计单位和施工单位及相关部门，进行工程初步验收，并提出工程质量评估报告。质量评定等级分为"合格"和"优良"两级。

⑮审查工程结算。

⑯向建设单位提交项目监理工作总结。

（4）工程质量保修期的监理工作内容。

通信建设工程进入保修期，其保修期内的监理工作期限，应由监理单位与建设单位根据工程实际情况在委托监理合同中约定。

①监理应依据委托监理合同约定的工程质量保修的时间、范围和内容开展工作。

②承担质量保修监理工作时，监理单位应对建设单位提出的工程质量缺陷进行检查和记录，对施工单位进行修复的工程质量进行验收，合格后予以确认。

③协助建设单位对工程质量缺陷原因进行调查分析并确定责任归属，对非施工单位原因造成的工程质量缺陷，监理人员应核实修复工程费用，签署工程款支付证书，并报建设单位。

保修期结束后协助建设单位结算工程保修金。

8.1.6　监理工作手段

《建设工程质量管理条例》第三十八条规定："监理工程师应当按照工程监理规范的要

求采取旁站、巡视和平行检验等形式，对建设工程实施监理。"

（1）旁站。

旁站是指在关键部位或关键工序施工过程中，由监理人员在现场进行的监理活动。

旁站在一般情况下是间断的，视情况的需要可以是连续的。旁站检查的方法可以通过目视，也可以通过仪器设备进行。

（2）巡视。

巡视是指监理人员对正在施工的部位或工序在现场进行的定期或不定期的监督活动。监理人员需要每天巡视施工现场，了解施工的部位、工种、工序、机械操作、工程质量等情况。

巡视和旁站的区别：巡视的目的是为了了解情况和发现问题，方法以目视和记录为主；旁站是以确保关键工序或关键操作符合规范要求为目的，除目视外，必要时还要辅以常用的检测工具；旁站以监理员为主，而巡视则是所有监理人员都应进行的一项日常工作。

（3）平行检验。

平行检验是指项目监理机构利用一定的检查或检测手段，在施工单位自检的基础上，按照一定的比例进行检查或检测的活动。它是监理单位独自利用自有的检测设备或委托具有试验资质的试验室来完成的。

平行检验涉及监理成本，关于平行检验工作应在委托监理合同中进行约定。

（4）见证。

见证是指施工单位实施某一工序或进行某项工作时，应在监理人员的现场监督之下进行。见证的适用范围主要是质量的检查试验工作、工序验收、工程计量等。

8.2 工程建设项目监理机构

8.2.1 项目监理机构组成

（1）项目监理机构的组织形式和规模，应根据委托监理合同规定的服务内容、工期长短、工程规模、技术复杂程度、工程环境要求等因素确定。

（2）项目监理机构监理人员应包括总监理工程师、专业监理工程师和监理员，必要时可配备总监理工程师代表。

（3）项目监理机构实行总监理工程师负责制，全权代表监理单位负责委托监理合同授予的所有工作。

（4）项目监理机构的监理人员应专业配套，数量满足工程项目监理工作的需要。

8.2.2 监理人员素质要求

（1）总监理工程师。

①应是取得国家或信息产业部监理执业资格证书，并经注册的通信建设监理工程师；

②具有相应专业的高级技术职称或取得中级职称后具有三年以上同类工程监理工作经验，熟悉监理工作程序和相关要求；

③遵纪守法，遵守监理工作职业道德，遵守企业各项规章制度，服从组织分配；

④有较强的组织管理能力，善于听取各方面意见，能协调好各方面的关系，能处理和解决监理工作中出现的各种问题；

⑤能管理项目监理机构的日常工作，有强烈的事业心，工作认真负责，能坚持工程项目建设监理基本原则，能公正、独立、自主地处理工程进度、质量、造价控制及信息、合同、安全管理等问题；

⑥具有较强的安全生产意识，熟悉国家安全生产条例和施工安全规程；

⑦有丰富的工程实践经验，有良好的品质，廉洁奉公，为人正直，办事公道，精力充沛，身体健康；

⑧一名总监理工程师只宜担任一项委托监理合同的项目总监理工程师工作，当需要同时担任多项委托监理合同的项目总监理工程师工作时，须经建设单位同意，且最多不得超过三项。

（2）总监理工程师代表。

①应当是取得国家或信息产业部监理执业资格证书，并经注册的通信建设监理工程师；

②取得中级职称，具有两年以上同类工程监理工作经验，熟悉监理工作程序和相关要求；

③遵纪守法，遵守监理工作职业道德，服从组织分配；

④有较强的组织管理能力，能正确地理解和执行总监理工程师安排的工作，在总监理工程师授权范围内管理项目监理机构的日常工作、协调各方面的关系，能处理和解决监理工作中出现的各种问题；

⑤工作认真负责，能坚持工程项目建设监理基本原则；

⑥具有较强的安全生产意识，熟悉国家安全生产条例和施工安全规程；

⑦具有健康的身体和充沛的精力，能适应常驻施工现场的工作环境条件。

（3）专业监理工程师。

①应是取得国家或信息产业部监理执业资格证书，并经注册的通信建设监理工程师；

②取得中级职称，具有一年以上同类工程监理工作经验；

③遵纪守法，遵守监理工作职业道德，服从组织分配；

④工作认真负责，能坚持工程项目建设监理基本原则，善于同工程参建各方进行沟通，掌握本专业工程进度和质量控制方法，熟悉本专业工程项目的检测和计量，能处理本专业工程监理工作中的问题；

⑤具有组织、指导、检查和监督本专业监理员工作的能力；

⑥身体健康，能长期胜任现场监理工作。

（4）监理员。

①遵纪守法，遵守监理工作职业道德，服从组织分配；

②能正确填写监理表格，能完成专业监理工程师交办的监理工作；

③熟悉本专业监理工作的基本流程和相关要求，能看懂本专业项目工程设计图纸和工艺要求，掌握本专业施工的检测和计量方法，能在专业监理工程师的指导下，完成巡视、检查、旁站、监督等监理任务，并对施工工序质量进行监督、检查和记录；

④身体健康，能适应长期驻守施工现场、野外随工旁站监理的工作环境条件。

8.2.3 监理人员的职责

（1）总监理工程师的职责。

①确定项目监理机构人员的分工和岗位职责；

②主持编写项目监理规划，审批项目监理实施细则，并负责管理项目监理机构的日常工作；

③协助建设单位进行工程招标工作，进行投标人资格预审，参加开标、评标，为建设单位决策提出意见；

④参加合同谈判，协助建设单位确定合同条款；

⑤审查施工单位、分包单位的资质，并提出审查意见；

⑥协助建设单位审查、签署工程开工令、停工令、复工令、竣工资料等；

⑦主持监理工作会议、监理专题会议，签发项目监理机构的文件和指令；

⑧审核签署工程款支付证书和竣工结算；

⑨审查和处理工程变更；

⑩主持或参与工程质量事故的调查；

⑪组织编写并签发监理周（月）报、监理工作阶段报告、专题报告和监理工作总结；

⑫调解合同争议、处理费用索赔、审批工程延期；

⑬定期或不定期巡视工地现场，及时发现和提出问题并进行处理；

⑭主持整理工程项目监理资料；

⑮参与工程验收。

（2）总监理工程师代表的职责。

①负责总监理工程师指定或交办的监理工作。

②按总监理工程师的授权，行使总监理工程师的部分职责和权力。

③总监理工程师不得将下列工作委托总监理工程师代表：

A. 主持编写项目监理规划，审批项目监理实施细则；

B. 签发工程开工/复工报审表、工程暂停令、工程款支付证书、工程竣工报验单；

C. 审核签认竣工结算；

D. 调解建设单位与施工单位的合同争议，处理索赔，审批工程延期。

（3）专业监理工程师的职责。

①负责编制本专业监理实施细则；

②负责本专业监理工作的具体实施；

③组织、指导、检查和监督监理员的工作；

④检查工程关键部位，不合格的及时签发《监理通知单》，限令施工单位整改；

⑤核查抽检进场器材、设备报审表，核检合格予以签认；

⑥应对施工组织设计（方案）报审表、分包单位资格报审表、完工报验申请表提出审查意见并签字。

⑦负责本专业监理资料的收集、汇总及整理，参与编写监理周（月）报；

⑧定期向总监理工程师提交监理工作实施情况报告，对重大问题及时向总监理工程师

汇报和请示；

⑨审查竣工资料，负责分项工程及隐蔽工程验收；

⑩负责本专业工程计量工作，审核工程计量的数据和原始凭证；

⑪专业监理工程师不得同时在两个以上的监理企业任职，不得以个人名义承接监理业务。

（4）监理员的职责。

①在专业监理工程师的指导下开展现场监理工作；

②对进入现场的人力、材料、设备、机具、仪表的使用、质量及数量，进行观测并做好检查记录；

③在施工现场巡视检查，重点部位旁站监理，对隐蔽工程进行随工检查签证；

④复核或从施工现场直接获取工程计量的有关原始数据并签证；

⑤对施工现场发现的质量、安全隐患和异常情况，应及时提醒施工单位，并向监理工程师汇报；

⑥做好监理日记，如实填报监理原始记录。

（5）信息资料员的职责。

①收集工程各种资料和信息，尤其是造价、进度、质量、安全方面的信息，及时向总监理工程师汇报；

②认真做好资料的整理，及时向建设单位递送监理周、月报和其他各种监理文件。

8.2.4　监理人员行为规范

工程监理具有服务性、科学性、独立性、公正性。工程监理主要通过规划、控制和协调，达到控制工程造价、进度、质量和安全管理的目的。监理依据工程监理有关的法律、政策、规章，以及与建设单位签订的合同，在授权范围内，独立地开展监理工作，服务于工程建设。为此要求监理人员应具备以下行为规范：

（1）具备守法、诚信、公正、科学的职业道德标准，对自己的行为承担责任；

（2）只有通过培训、获得任职资格，才能从事通信建设工程监理；

（3）在专业和业务方面，要有科学的工作态度，尊重事实，以数据资料为依据，客观公正没有偏私地对待建设单位和施工单位；

（4）不向建设单位隐瞒监理机构的人员状况，以及可能影响监理服务质量的因素；

（5）不得直接或间接对有业务关系的建设和施工单位行贿、受贿；

（6）不参与工程的承包施工，不参与材料的采购营销，不准在与工程相关的单位任职或兼职；

（7）为建设和施工单位没有被正式公开的业务和技术工艺信息保密。

8.3　监理工作流程

通信建设工程监理主要工作流程包括工程开工、工程暂停及复工处理、工程变更处理、费用索赔处理、工程延期及工程延误处理、工程质量及安全事故分析与处理、工程验收等。在实际监理过程中，由于工程项目的具体情况，可能会产生监理工作内容增减或工作程序颠倒的现象，但无论出现何种变化，都必须坚持监理工作"先审核后实施、先验收后施工（下道工序）"的基本原则。

8.3.1 工程开工

（1）审查开工条件。

①工程所在地（所属部委）政府建设主管单位已签发施工许可证；

②设备、材料已落实，并能满足工程进度需要；

③施工组织设计已获总监理工程师批准；

④线路路由已进行了复测，路由已得到相关部门的批准；

⑤通信局站已具备了设备安装条件；

⑥施工单位项目经理部现场管理人员已到位，机具、施工人员已进场。

审查意见栏由总监理工程师根据工程和报审的具体情况填写。审查意见可以是"具备了开工条件，同意本工程在某年某月某日开工"，或者"不具备开工条件，暂不开工，请施工单位做好××工作后再报审"等。总监理工程师认为工程具备开工条件并签署同意开工意见后，报建设单位开工。

（2）施工组织设计（方案）报审。

当施工单位报送施工组织设计（方案）时，应报送项目监理机构审批。

项目监理机构收到施工单位报送的"施工组织设计（方案）"后，总监理工程师应组织专业监理工程师对其进行审查，并签署意见或建议。审查的主要内容有：

①审查施工组织构成及其分工情况、成员资质；

②施工机械的完好性；

③施工计划与进度是否与合同要求一致；

④施工点分布及施工工序是否合理；

⑤保证工程质量、进度、造价的措施是否可行；

⑥质量保证体系和制度是否健全；

⑦安全措施及安全责任是否落实。

总监理工程师在约定的时间内核准"施工组织设计（方案）"，同时报送建设单位。若"施工组织设计（方案）"需要修改时，由总监理工程师签发书面意见退回施工单位修改后再报，重新审核。

8.3.2 工程暂停及复工处理

（1）总监理工程师在签发工程暂停令时，应根据暂停工程的影响范围和影响程度，按照施工合同和委托监理合同的约定签发。

（2）在发生下列情况之一时，总监理工程师可签发工程暂停令：

①建设单位要求暂停施工且工程需要暂停施工；

②为了保证工程质量而需要进行停工处理；

③施工出现了安全隐患，总监理工程师认为有必要停工以消除隐患；

④发生了必须暂时停止施工的紧急事件；

⑤施工单位未经许可擅自施工，或拒绝项目监理机构管理。

（3）总监理工程师在签发工程暂停令时，应根据停工原因的影响范围和影响程度，确定工程项目停工范围。

（4）由于非施工单位且非（2）款中的原因时，总监理工程师在签发工程暂停令之前，应就工期、费用等问题与施工单位协商，采取有效措施保证工程进度。

（5）由于建设单位原因，或其他非施工单位原因导致工程暂停时，项目监理机构应如实记录所发生的实际情况。总监理工程师应在暂停原因消失、具备复工条件时，及时签署工程复工报审表，指令施工单位继续施工。

（6）由于施工单位原因导致工程暂停，在具备恢复施工条件时，项目监理机构应审查施工单位复工报告。

（7）总监理工程师在签发工程暂停令到签发工程复工报审表之间的时间内，宜会同有关各方按施工合同的约定，处理因工程暂停引起的与工期、费用等有关的问题。就有关工期和费用等事宜与施工单位进行协商。

通信工程规模小、工期短，原则上不应发生停工。监理工程师应预防停工的发生。

8.3.3　工程变更处理

（1）设计单位对原设计存在的缺陷提出的工程变更，应编制设计变更文件；建设单位或施工单位提出的工程变更，应提交总监理工程师，由总监理工程师组织专业监理工程师审查。审查同意后，应由建设单位转交原设计单位编制设计变更文件。当工程变更涉及安全、环保等内容时，应按规定经有关部门审定。

（2）项目监理机构应了解实际情况和收集与工程变更有关的资料。

（3）总监理工程师必须根据实际情况、设计变更文件和其他有关资料，按照施工合同有关条款，在指定专业监理工程师完成下列工作后，对工程变更的费用和工期作出评估：

①确定工程变更项目与原工程项目之间的类似程度和难易程度；

②确定工程变更项目的工程量；

③确定工程变更的单价或总价。

（4）总监理工程师应就工程变更费用及工期的评估情况与施工单位和建设单位进行协商。

（5）总监理工程师签发工程变更单。工程变更单应符合《建设工程监理规范》（GB 50319—2000）C2 表的格式，并应包括工程变更要求、工程变更说明、工程变更费用和工期、必要的附件内容，有设计变更文件的工程变更应附设计变更文件。

（6）项目监理机构应根据工程变更单监督施工单位实施。

（7）处理工程变更应符合下列要求：

①项目监理机构在工程变更的质量、费用和工期方面取得建设单位授权后，应按施工合同规定与施工单位进行协商，经协商达成一致后，总监理工程师应将协商结果向建设单位通报，并由建设单位与施工单位在变更文件上签字；

②在项目监理机构未能就工程变更的质量、费用和工期方面取得建设单位授权时，总监理工程师应协助建设单位和施工单位进行协商，并达成一致；

③在建设单位和施工单位未能就工程变更的费用等方面达成协议时，项目监理机构应提出一个暂定的价格，作为临时支付工程进度款的依据。该项工程款最终结算时，应以建

设单位和施工单位达成的协议为依据。

（8）在总监理工程师签发工程变更单之前，施工单位不得实施工程变更。

（9）未经总监理工程师审查同意而实施的工程变更，项目监理机构不得予以计量。

8.3.4 费用索赔处理

（1）项目监理机构处理费用索赔应依据下列内容：

①国家有关的法律、法规和工程项目所在地的地方法规；

②本工程的施工合同文件；

③国家、部门和地方有关的标准、规范和定额；

④施工合同履行过程中与索赔事件有关的凭证。

当施工单位提出费用索赔的理由同时满足以下条件时，项目监理机构应予以受理：

①索赔事件造成了施工单位直接经济损失；

②索赔事件是由于非施工单位的责任发生的；

③施工单位已按照施工合同规定的限期和程序提出费用索赔申请表，并附有索赔凭证材料。

费用索赔申请表应符合《建设工程监理规范》（GB 50319—2000）A8 表的格式。

（2）索赔处理程序。

①施工单位在施工合同规定的期限内向项目监理机构提交对建设单位的费用索赔申请表。

②总监理工程师指定专业监理工程师收集与索赔有关的资料。

③总监理工程师初步审查费用索赔申请表，符合所规定的条件时予以受理。

④总监理工程师进行费用索赔审查，在初步确定一个额度后，与施工单位和建设单位进行协商。

⑤总监理工程师应在施工合同规定的期限内签署费用索赔审批表，或在施工合同规定的期限内发出要求施工单位提交有关索赔报告的进一步详细资料的通知，待收到施工单位提交的详细资料后，按程序进行处理。费用索赔审批表应符合《建设工程监理规范》（GB 50319—2000）B6 表的格式。

⑥当施工单位的费用索赔要求与工程延期要求相关时，总监理工程师在作出费用索赔的批准决定时，应与工程延期的批准联系起来，综合作出费用索赔和工程延期的决定。

⑦由于施工单位的原因造成建设单位的额外损失，建设单位向施工单位提出索赔时，总监理工程师在审查索赔报告后，应公正地与建设单位和施工单位进行协商，并及时作出答复。

控制索赔的发生，也是监理工程师"投资控制"的工作内容。在工程建设中，可能引发索赔的因素很多，监理工程师应当在全过程中事先预防索赔的发生。

8.3.5 工程延期及工程延误处理

（1）当施工单位提出的工程延期要求符合施工合同文件的规定条件时，项目监理机构应予以受理。

（2）当影响工期事件具有持续性时，项目监理机构可在收到施工单位提交的阶段性工程延期申请表并经过审查后，先由总监理工程师签署工程临时延期审批表并通报建设单位。当施工单位提交最终的工程延期申请表后，项目监理机构应复查工程延期及临时延期情况，并由总监理工程师签署工程最终延期审批表。

工程延期申请表、工程临时延期审批表、工程最终延期审批表应分别符合《建设工程监理规范》（GB 50319—2000）A7 表、B4 表、B5 表的格式。

（3）项目监理机构在作出临时工程延期批准或最终的工程延期批准之前，均应与建设单位和施工单位进行协商。

（4）项目监理机构在审查工程延期时，应依下列情况确定批准工程延期的时间：

①施工合同中有关工程延期的约定；

②工程拖延和影响工期事件的事实和程度；

③影响工期事件对工期影响的量化程度。

（5）工程延期造成施工单位提出费用索赔时，项目监理机构应按规定进行处理。

（6）当施工单位未能按照施工合同要求的工期竣工造成工期延误时，项目监理机构应按施工合同规定从施工单位应得款项中扣除误期损害赔偿费。

8.3.6　工程质量及安全事故分析

（1）工程质量及安全事故含义。

通信工程质量及安全事故是指工程建设由于无证或越级设计，施工，设计、施工不符合规范，使用不合格的器材设备，建设、监理、施工单位擅自修改设计、失职等原因，造成工程设施倒塌、机线设备受损、人身伤亡和重大经济损失等。

（2）工程质量及安全事故特点。

工程质量及安全事故具有复杂性、严重性、可变性和多发性等特点。监理机构应加强对施工单位的质量及安全管理与保证体系的控制与监督，使工程质量及安全事故减少到最低程度，这是监理工程师的一个重要责任。

8.3.7　工程质量及安全事故处理程序

工程质量及安全事故分析、处理，一般可按下列程序进行：

发生事故→发生事故通知单（上报主管部门，发停工令，暂停施工）→事故调查→事故原因分析→研究处理方案→提交事故调查报告→组织审查事故报告→研究确定处理方案→实施处理方案→完成处理自检申请验收→检查验收（发复工令恢复施工）→提交事故处理报告。

事故发生后，发生事故的单位必须在 24 小时内将事故主要情况上报主管部门，遇有人身伤亡时，应同时上报安全主管部门，并在 48 小时内提交事故的书面报告（国家最近规定：重大事故发生时，要求事故单位在 1 小时内上报主管部门）。

8.3.8　质量及安全事故调查报告主要内容

（1）事故情况：事故发生的时间、地点，工程项目名称，相关单位名称，事故简要过程；

（2）事故原因：主要原因和次要原因、直接原因和间接原因；

（3）事故评估：事故对通信指标、功能的影响，伤亡人数和直接经济损失的初步估算；

（4）涉及人员：事故主要责任单位、主要责任人、涉及人员。

8.3.9　事故的现场处置

（1）当发现存在质量事故隐患时，监理应要求施工单位整改。

（2）当发现存在重大质量及安全隐患，可造成或已经造成事故时，监理应督促施工单位采取措施防止事故扩大，保护好事故现场。

（3）当发生危及人身安全的紧急情况时，监理应要求施工人员立即停止作业或采取必要应急措施后撤离现场。

（4）事故处理。

①收集事故有关的调测、检验记录、施工日志，收集事故现场人证、物证、录像等资料；

②伤、亡人员的事后处理符合政策规定的方案；

③征得有关单位对事故调查和分析的意见，有利于对事故结论的认同；

④处理方案应提出防止类似事故发生的措施和建议，实施前应报主管部门审批。

8.4　工程验收

工程验收贯穿整个施工阶段。材料进场检验、施工过程质量检查、单项工程验收、工程完工后的自检和预验收等，都是工程验收的过程。工程质量是靠精心施工做出来的，不是靠监理工程师监理出来的，更不是靠工程验收检查出来的。

工程验收根据工程规模、施工项目的特点，一般分为初步验收和竣工验收。按工程验收规范，可分为随工检验、工程初验、工程试运转及工程终验几个阶段。随工检验，监理人员应对工程隐蔽部分边施工边验收，竣工验收时一般可不再对隐蔽工程进行复查。当初验合格后便转入试运转，试运转由建设单位组织维护部门或代维部门具体负责实施，竣工验收时提供试运转报告。

8.4.1　随工检验

（1）通信建设工程随工检验，应由监理人员采取旁站和巡视、平行检验和见证等方式进行。对隐蔽工程项目，应由监理人员签署"隐蔽工程检验签证单"。

（2）监理人员应按工程验收规范的规定项目、内容、检验方式要求进行随工检验。

8.4.2　工程初步验收

（1）通信建设工程初步验收，简称为初验。一般大型工程按单项工程进行，或按系统工程一并进行。工程初验应在施工完毕，并经自检及监理预检合格的基础上，由建设单位组织。

（2）初验工作应由监理工程师依据设计文件及施工合同，对施工单位报送的竣工技术文件进行审查，并按工程验收规范要求的项目内容进行检查和抽测。

（3）通信建设工程的初验，可按《邮电部基本建设工程竣工验收办法》办理。

（4）对初验中发现的问题，应及时要求施工单位整改，整改完毕由监理工程师签署整改意见。

8.4.3　工程试运转

（1）通信建设工程经初验合格后，建设单位组织工程的试运转。试运转期间发现的问题应由监理工程师督促施工单位及时整改，整改合格后由监理工程师签认。

（2）试运转时间不少于 3 个月。试运转结束应由维护部门提交试运转报告。

8.4.4　工程终验

（1）工程终验是基本建设的最后一个程序，是全面考核建设成果，检验工程设计、施工、监理质量以及工程建设管理的重要环节。对于中小型工程项目，可以视情况适当简化手续，可以将工程初验与终验合并进行。

（2）终验可对系统性能指标进行重点抽测。

（3）项目监理机构应参加由建设单位组织的工程终验，并提供相关监理资料。对验收中提出的问题，项目监理机构应要求施工单位整改。工程质量符合要求时，由总监理工程师会同参加验收的各方签署竣工验收报告。

（4）工程终验合格后颁发验收证书。

8.5　监理大纲、规划及实施细则编制

8.5.1 监理大纲

（1）监理大纲编制的目的和作用。

监理大纲是指监理单位在建设单位招标过程中，为承揽监理业务而编制的监理方案性文件，是监理投标书的重要组成部分。其目的是使建设单位认可监理大纲中的监理方案，让建设单位信服本监理单位能胜任该项目的监理工作，从而承揽到监理业务；监理大纲也是今后开展监理工作、制定监理规划的依据。监理大纲由监理单位技术负责人或项目总监理工程师主持编制。

（2）监理大纲编制的主要内容。

①工程项目概况；

②监理工作范围及监理目标；

③监理工作依据；

④监理机构组成及人员资质情况；

⑤监理方案与措施；

⑥监理工作程序；

⑦监理设施配置。

8.5.2 监理规划

（1）编制程序。

①监理规划应在签订委托监理合同及收到设计文件后，并在监理大纲基础上，结合设计文件和工程具体情况，广泛收集工程信息和资料的情况下编制。

②监理规划编制应由总监理工程师主持，专业监理工程师参加。监理规划编制完成后，必须经监理单位技术负责人批准，并应在召开第一次工地会议前报送建设单位。

③在监理工作实施过程中，如监理规划需做重大调整时，应由总监理工程师组织专业监理工程师研究修改，按原报审程序经过批准后报建设单位。

（2）编制依据。

①建设工程相关法律、法规及项目审批文件；

②与建设工程项目有关的验收规范、设计文件、技术资料；

③监理大纲、委托监理合同及与建设工程项目相关的合同文件；

④施工单位报送的"施工组织方案"。

（3）监理规划编制的主要内容。

①工程项目概况；

②监理工作范围；

③监理工作内容；

④监理工作目标；

⑤监理工作依据；

⑥项目监理机构的组织形式；

⑦项目监理机构的人员配备计划；

⑧项目监理机构的人员岗位职责；

⑨监理工作程序；

⑩监理工作方法及措施；

⑪监理工作制度；

⑫监理设施配备。

8.5.3 监理实施细则

（1）编制程序。

①对中型及以上或专业性较强的工程项目，项目监理机构应编制监理实施细则。监理实施细则应符合监理规划的要求，并结合工程项目的专业特点，做到详细具体，具有可操作性。

②监理实施细则应在相应工程施工开始前编制完成，并经总监理工程师批准。

③监理实施细则应由专业监理工程师编制。

（2）编制依据。

①已批准的监理规划；

②与专业工程相关的标准、设计文件和技术资料；

③施工组织设计。

（3）监理实施细则的主要内容。

①专业工程的特点；

②监理工作的流程；

③监理工作的控制要点及目标值；

④监理工作的方法及措施。

在监理工作实施过程中，监理实施细则应根据实际情况进行补充、修改和完善。

复习思考题

8.1 如何理解监理与工程参建各方的关系？

8.2 施工阶段的监理工作内容有哪些？

8.3 监理规划的主要内容是什么？

8.4 监理的监理手段有哪些？

8.5 在施工阶段，监理工程师应当做哪些工作？应当遵守哪些行为规范？

8.6 现场监理（监理员）的主要工作任务有哪些？

8.7 如果你是总监理工程师，开工前，你应当做些什么工作？

附录1 施工单位常用表格

A1 工程开工/复工报审表

工程名称：   编号：

致：
　　我方承担的＿＿＿＿＿＿＿＿＿＿＿＿＿＿工程已完成了以下工作，具备了开工/复工条件，特此申请施工，请核查并签发开工/复工令。
　　附件：

1. 开工报告
2. 证明文件

承包单位（章）
项目经理：
年　月　日

审查意见：

项目监理机构：
总监理工程师：
年　月　日

本表一式三份，建设单位、施工单位、监理单位各执一份。

A2 施工组织设计（方案）报审表

工程名称：   **编号：**

致： 　　我方已根据施工合同的有关规定完成了＿＿＿＿＿＿＿＿＿＿＿＿＿＿＿工程施工组织设计（方案）的编制，并经我单位上级技术负责人审查批准，请予以审查。 　　附件： 　　施工组织设计（方案）   　　　　　　　　　　　　　　　　　　　　　　　承包单位（章） 　　　　　　　　　　　　　　　　　　　　　　　项目经理： 　　　　　　　　　　　　　　　　　　　　　　　　年　月　日
专业（现场）监理工程师审查意见：   　　　　　　　　　　　　　　　　　　　　　专业（现场）监理工程师： 　　　　　　　　　　　　　　　　　　　　　　　年　月　日
总监理工程师审核意见：   　　　　　　　　　　　　　　　　　　　　　　项目监理机构： 　　　　　　　　　　　　　　　　　　　　　　总监理工程师： 　　　　　　　　　　　　　　　　　　　　　　　年　月　日

本表一式三份，建设单位、施工单位、监理单位各执一份。

A3 分包单位资格报审表

工程名称： 编号：

致：
经考察，我方认为拟选择的＿＿＿＿＿＿＿＿＿＿＿（分包单位）的施工资质和施工能力，可以保证本工程项目按合同的规定进行施工。分包后我方仍承担总承包单位的全部责任。请予以审查和批准。 　　附件：1. 分包单位资质材料 　　　　　2. 分包单位业绩材料

分包工程名称（部位）	工程数量	拟分包工程合同额	分包工程占全部工程％
合计			

承包单位（章）

项目经理：

年　月　日

专业（现场）监理工程师审查意见：

专业（现场）监理工程师：

年　月　日

总监理工程师审核意见：

项目监理机构：

总监理工程师：

年　月　日

本表一式三份，建设单位、施工单位、监理单位各执一份。

A4 _____工程报验申请表

工程名称： 　　　　　　　　　　　　　　　　　　　　　　　　　**编号：**

致：

我单位已完成了_____工作，现报上该工程报验申请表，请予以审查和验收。

附件：

承包单位（章）

项目经理：

年　月　日

审查意见：

项目监理机构：

总监理工程师：

年　月　日

本表一式三份，建设单位、施工单位、监理单位各执一份。

A5 工程款支付申请表

工程名称：   **编号：**

致：

    我方已完成了_____工作，按施工合同的规定，建设单位应在_____年___月___日前支付该项工程款共（大写）_____（小写）_____，现报上工程款支付申请表，请予以审查并开具工程款支付证书。

    附件：
    1. 工程量清单
    2. 计算方法

承包单位（章）

项目经理：

年　月　日

本表一式三份，建设单位、施工单位、监理单位各执一份。

A6 监理工程师通知回复单

工程名称： 　　　　　　　　　　　　　　　　　　　　编号：

致： 　　我方收到编号为＿＿＿＿＿＿的监理工程师通知后，已按要求完成了＿＿＿＿＿＿工作，现报上，请予以复查。 详细内容：   　　　　　　　　　　　　　　　　　　　　　　　　　承包单位（章） 　　　　　　　　　　　　　　　　　　　　　　　　　项目经理： 　　　　　　　　　　　　　　　　　　　　　　　　　　　年　月　日
复查意见：   　　　　　　　　　　　　　　　　　　　　　　　　　项目监理机构： 　　　　　　　　　　　　　　　　　　　　　　　　　总监理工程师： 　　　　　　　　　　　　　　　　　　　　　　　　　　　年　月　日

本表一式三份，建设单位、施工单位、监理单位各执一份。

A7　工程临时延期申请表

工程名称：　　　　　　　　　　　　　　　　　　　　　　　　编号：

致：
　　根据施工合同条款_____条的规定，由于_____原因，我方申请工程延期，请予以批准。

　　附件：
　　1. 工程延期的依据及工期计算

　　合同竣工日期：

　　申请延长竣工日期：

　　2. 证明材料

承包单位（章）
项目经理：
年　月　日

本表一式三份，建设单位、施工单位、监理单位各执一份。

A8 费用索赔申请表

工程名称：   编号：

致：
  根据施工合同条款_____条的规定，由于_____原因，我方要求索赔金额（大写）_____，请予以批准。

索赔的详细理由及过程：

索赔金额的计算：

附：证明材料

                                                                        承包单位（章）
                                                                        项目经理：
                                                                        年 月 日

本表一式三份，建设单位、施工单位、监理单位各执一份。

A9 工程材料/构配件/设备报审表

工程名称：   编号：

致：
    我方_____年_____月_____日进场的自购/建设单位采购的工程材料/构配件/设备数量如下（见附件），现将质量证明文件及现场检验结果报上。
    拟用于下述部位：_____。
    请予以审核。

    附件：1. 数量清单
          2. 质量证明文件
          3. 检验结果

                                                    承包单位（章）
                                                    项目经理：
                                                        年 月 日

复查意见：
    经检查上述工程材料/构配件/设备，符合/不符合设计文件和规范的要求，准许/不准许进场，同意/不同意用于拟定部位。

                                                    项目监理机构：
                                                    总监理工程师：
                                                        年 月 日

本表一式三份，建设单位、施工单位、监理单位各执一份。

A10 工程竣工报验单

工程名称: **编号:**

致:

    我方已按合同要求完成了_____工程,经自检合格,试运转正常。请予以检查和验收。

    附件:

承包单位(章)

项目经理:

年 月 日

复查意见:

    经初步验收和试运转,该工程

    1. 符合/不符合我国现行法律、法规要求;

    2. 符合/不符合我国现行通信工程建设标准;

    3. 符合/不符合设计文件要求;

    4. 符合/不符合施工合同要求。

    综上所述,该工程初步验收合格/不合格,可以/不可以组织正式验收。

项目监理机构:

总监理工程师:

年 月 日

本表一式三份,建设单位、施工单位、监理单位各执一份。

附录 2　监理机构常用表格

B1　监理工程师通知单

工程名称：　　　　　　　　　　　　　　　　　　　　　　　　编号：

致：
事由：
内容：   项目监理机构： 现场监理工程师： 总监理工程师： 年　月　日

本表一式两份，施工单位、监理工程师各执一份。

B2 工程暂停令

工程名称：　　　　　　　　　　　　　　　　　　　　　　**编号：**

<table>
<tr><td>

致：
　　由于原因，现通知你方必须于＿＿＿＿＿年＿＿＿月＿＿＿日时起，对本工程的＿＿＿＿＿＿＿＿＿
＿＿＿＿部位（工序）实施暂停施工，并按下述要求做好各项工作：

</td></tr>
<tr><td>

项目监理机构：
总监理工程师：
　　年　月　日

</td></tr>
</table>

本表一式三份，建设单位、施工单位、监理工程师各执一份。

B3 工程款支付证书

工程名称：   **编号：**

致：

    根据施工合同的规定，经审核承包单位的付款申请和报表，并扣除有关款项，同意本期支付工程款共（大写）＿＿＿＿＿＿＿小写＿＿＿＿＿。请按合同规定及时付款。

    其中：

1. 承包单位申报款为：

2. 经审核承包单位应得款为：

3. 本期应扣款为：

4. 本期应付款为：

附件：

1. 承包单位的工程付款申请表及附件

2. 项目监理机构审查记录

项目监理机构：

总监理工程师：

年 月 日

本表一式三份，建设单位、施工单位、监理工程师各执一份。

B4 工程临时延期审批表

工程名称：   编号：

致：
　　　　根据施工合同条款＿＿＿＿＿＿＿条的规定，我方对你方提出的＿＿＿＿＿＿＿＿＿＿＿＿＿＿工程延期申请
（第＿＿＿＿＿＿号）要求延长工期＿＿＿＿＿＿＿＿日历天的要求，经过审核评估：
　　　　暂时同意工期延长＿＿＿＿＿＿＿＿日历天。使竣工日期（包括已指令延长的工期）从原来的＿＿＿＿＿年
＿＿＿月＿＿＿＿日延迟到＿＿＿＿年＿＿＿＿月＿＿＿＿日。请你方执行。

　　　　不同意延长工期，请按约定竣工日期组织施工。
说明：

　　　　　　　　　　　　　　　　　　　　　　　　　　　　项目监理机构：
　　　　　　　　　　　　　　　　　　　　　　　　　　　　总监理工程师：
　　　　　　　　　　　　　　　　　　　　　　　　　　　　　　　　年　月　日

本表一式三份，建设单位、施工单位、监理工程师各执一份。

B5　工程最终延期审批表

工程名称：　　　　　　　　　　　　　　　　　　　　　　编号：

<table>
<tr><td>

致：

　　根据施工合同条款_____条的规定，我方对你方提出的_____工程延期申请（第____号）要求延长工期_____日历天的要求，经过审核评估：

　　最终同意工期延长____日历天。使竣工日期（包括已指令延长的工期）从原来的____年____月____日延迟到____年____月____日。请你方执行。

　　不同意延长工期，请按约定竣工日期组织施工。

说明：

</td></tr>
<tr><td>

　　　　　　　　　　　　　　　　　　　　　　　　　　项目监理机构：

　　　　　　　　　　　　　　　　　　　　　　　　　　总监理工程师：

　　　　　　　　　　　　　　　　　　　　　　　　　　　　年　月　日

</td></tr>
</table>

本表一式三份，建设单位、施工单位、监理工程师各执一份。

B6　费用索赔审批表

工程名称：　　　　　　　　　　　　　　　　　　　　　　　　　　　　**编号：**

致：

　　根据施工合同条款_____条的规定，你方提出的_____费用索赔申请（第__
_____号）索赔金额（大写）_____，经过审核评估：

1. 不同意此项索赔。
2. 同意此项索赔，金额为（大写）_____。

同意/不同意索赔的理由：

索赔金额的计算：

项目监理机构：
总监理工程师：
年　月　日

本表一式三份，建设单位、施工单位、监理工程师各执一份。

C1　监理工作联系单

工程名称：　　　　　　　　　　　　　　　　　　　　　　　　　　编号：

致：
事由：
内容：   单位： 负责人： 年　月　日

本表一式两份，被联系单位、监理工程师各执一份。

C2　工程变更单

工程名称：_____　　　　　　　　　编号：_____

<table>
<tr><td>
致：
　　由于_____原因，兹提出工程变更（内容见附件），请予以审批。

　　附件：

　　　　　　　　　　　　　　　　　　　　　　　　　　　提出单位：
　　　　　　　　　　　　　　　　　　　　　　　　　　　代表人：
　　　　　　　　　　　　　　　　　　　　　　　　　　　　年　月　日
</td></tr>
<tr><td>
一致意见：

建设单位代表　　　　　　设计单位代表　　　　　　项目监理机构代表
签字：　　　　　　　　　签字：　　　　　　　　　签字：
</td></tr>
</table>

本表一式四份，建设单位、施工单位、设计单位、监理工程师各执一份。

C3 监理工程师报到书

工程名称：   **编号：**

致：
　　你公司建设的_____工程项目，由监理工程师_____负责现场施工监理。我将严格按照"三控三管一协调"开展监理工作。请业主监督我们的工作，并在施工期间给予工作的支持配合。

　　建设单位代表（签字）：　　　　　　监理工程师：

　　　　　　年　月　日　　　　　　　　　　年　月　日

本表一式两份，建设单位、监理工程师各执一份。

C4　现场监理工作移交书

工程名称：　　　　　　　　　　　　　　　　　　　　　　　　　　　　**编号：**

致：

　　你公司建设的＿＿＿＿＿＿＿＿＿＿＿＿＿＿＿＿＿＿＿＿＿＿工程项目，从＿＿＿＿年＿＿＿＿月＿＿＿＿日开工，至＿＿＿＿年＿＿＿＿月＿＿＿＿日止已经完工，现场施工和监理工作结束。现将工程项目移交业主。

　　附件：工程项目清单

　　业主对监理工作评定意见：

　　□优良

　　□合格

　　□不合格

　　建设单位对监理工作的建议：

建设单位代表（签字）：　　　　　　　　　　　　监理工程师：
　　　　　　　　　年　月　日　　　　　　　　　　　　　　　　年　月　日

本表一式两份，建设单位、监理工程师各执一份。

参考文献

[1] 陈中伟，顾广仁. 本地通信线路工程验收规范（YD 5138—2005）[M]. 北京：北京邮电大学出版社，2006.

[2] 崔建桥，祖平，林建敏. 通信线路工程验收规范（YD 5121—2010）[M]. 北京：北京邮电大学出版社，2010.

[3] 桂业琨. 建筑地基基础工程施工质量验收规范（GB 50202—2002）[M]. 北京：中国计划出版社，2002.

[4] 刘吉克，华京，陈强，李锰. 通信局（站）防雷与接地工程设计规范（YD T5098—2005）[M]. 北京：北京邮电大学出版社，2006.

[5] 闪宁，叶晓茗. 通信专用房屋工程施工监理规范（YD 5073—2005）[M]. 北京：北京邮电大学出版社，2006.

[6] 王肇民，等. 塔桅钢结构工程施工质量验收规范（CEC S80—2006）[M]. 北京：中国计划出版社，2006.

[7] 吴万红，莫寒，林建敏，等. 架空光（电）缆通信杆路工程设计规范（YD 5148—2007）[M]. 北京：北京邮电大学出版社，2007.

[8] 夏学军，叶飞. 通信设备安装工程施工监理暂行规定（YD 5125—2005）[M]. 北京：北京邮电大学出版社，2006.

[9] 谢郁山，等. 移动通信工程钢塔桅结构设计规范（YD/T 5131—2005）[M]. 北京：北京邮电大学出版社，2006.

[10] 中国建筑监理协会. 建设工程监理规范（GB 50319—2000）[M]. 北京：中国建筑工业出版社，2001.

[11] 中国通信企业协会通信设计施工专业委员会通信建设监理工程师教材编写组. 通信建设监理管理与实务 [M]. 北京：北京邮电大学出版社，2009.